십대들을 위한
**꽤 쓸모 있는
과학책**

**십대들을 위한
꽤 쓸모 있는 과학책**

발행일	2020년 11월 10일 초판 1쇄 발행
	2024년 09월 01일 초판 6쇄 발행
지은이	오미진
발행인	방득일
편 집	박현주, 강정화
디자인	강수경
마케팅	김지훈

발행처	맘에드림
주 소	서울시 도봉구 노해로 379 대성빌딩 902호
전 화	02-2269-0425
팩 스	02-2269-0426
e-mail	momdreampub@naver.com

ISBN 979-11-89404-39-0 44400
ISBN 979-11-89404-03-1 44080 (세트)

개념과 원리가 살아 있는 일상 속 과학탐구생활

십대들을 위한
꽤 쓸모 있는
과학책

오 미 진 지음

맘에 드림

과학, 우리의 일상에 녹아들다

4차 산업혁명 시대, 세상은 그 어느 때보다 빠르게 변화하고 있습니다. 블록체인, 스마트팩토리, 우주여행, 무인 자동차 등등 과거에는 공상과학 영화에서나 볼 법한 것들이 이제 점차 우리의 현실이 되어가고 있습니다. 군이 4차 산업혁명을 들먹이지 않더라도 이미 현대인의 생활은 과학과 떼려야 뗄 수 없을 만큼 우리의 일상 속 깊이 녹아들어 있죠.

이미 하이테크 한가운데 존재하는 현대인의 일상

여러분의 일상은 어떤가요? 아침에 눈을 떠서 비누와 샴푸로 샤워를 하며 머리를 감고, 전동칫솔로 양치질을 하며, 수건으로 물기를 닦고 드라이어로 머리를 말리는 것은 흔한 일상입니다. 코팅프라이팬에 지진 달걀 프라이를 먹고, 뭐든 갈아낼 수 있는 믹서로 야채와 과

일을 갈아 마십니다. 바쁠 땐 전자레인지에 즉석밥을 뚝딱 돌려서 한 끼를 간단히 때울 때도 있습니다. 어른들은 커피머신에서 커피를 내려 마시며, 바쁜 아침에 잠시 잠깐의 여유를 즐기기도 하죠.

코로나 19가 대유행하며 이제 집을 나서기 전에 마스크 착용은 필수입니다. 집을 나서면 엘리베이터를 타고 내려와 대중교통이나 자동차에 몸을 싣고 등교나 출근을 합니다. 등교나 출근을 하고 나면 냉난방이 잘 되어 있는 실내로 들어가서 환한 조명기구 아래에서 컴퓨터나 각종 전자 및 영상 기기를 활용해서 공부나 일을 하게 됩니다. 짬짬이 스마트폰을 통해 소통을 하거나 정보를 검색하는 것도 빼놓을 수 없는 우리의 일상입니다.

이렇듯 우리 현대인의 흔하디흔한 일상에서 빼놓을 수 없는 것이 바로 과학기술입니다. 여러분이 매일 머리를 말리는 헤어드라이어, 손에서 떼놓을 수 없는 스마트폰이나 컴퓨터는 물론 하다못해 주방에 1~2개 이상 있는 코팅프라이팬과 여러분이 매일 쓰고 버리는 일회용 마스크까지도 과학기술의 산물이니까요. 즉 이미 우리의 일상은 하이

테크(hightech)의 한가운데 존재한다고 해도 과언이 아닙니다. 우리 생활의 모든 것이 과학이고, 이미 과학은 우리가 숨 쉬고 먹고 움직이며 살아가는 그 모든 것이라는 사실에 새삼 감탄하게 됩니다.

일상에 숨은 과학 원리를 탐색하는 남다른 재미

그런데 우리는 일상 속에서 누리고 있는 과학의 다양한 편의들은 당연하게 받아들이면서도 정작 원리에 대해서는 무관심한 편입니다. 그저 편리하게 누리기만 하면 그뿐, 깊이 파고들어봐야 어쩐지 어렵고 골치만 아플 뿐이라고 느끼기 때문이겠지요. 하지만 과학 지식도 얼마든지 가볍고 재미있게 접근할 수 있습니다. 일상 속에 숨어 있는 과학 원리들을 탐색하는 것은 마치 꼭꼭 숨겨놓은 보물 찾기를 하는 것처럼 여러분에게 흥미진진한 재미와 색다른 희열을 안겨줄 것입니다. 또한 여러분이 세상을 살아가는 데 꽤 쓸모 있는 무기가 되어줄 것입니다. 무엇보다 사소한 것도 그냥 지나치지 않는 예리한 시각과 치밀한 분석 능력, 고정관념에 얽매이지 않는 창의적인 문제해결력 등을 키워줄 테니까요.

그동안 우리가 일상에서 매일 접해왔지만, 무심히 지나치기 일쑤였던 소소한 과학 원리와 개념들을 한번 파헤쳐 보도록 합시다! 과학 이야기의 바다에 한번 풍덩 빠져보는 거죠. 과학이 얼마나 우리 생활에서 떼려야 뗄 수 없는 쓸모 있는 학문인지 또 얼마나 재미있는 학문인지 새삼 느끼게 될 거라 생각합니다. 어쩌면 여러분 스스로 좀 더 깊이 탐구하고 싶은 마음을 갖게 될지도 모르겠습니다. 이 책을 통해 여러분이 일상에서 누리는 다양한 편리 속에 숨겨진 과학 원리들에 대해 좀 더 관심을 기울이고, 원리에 관해 깊이 생각하는 과정에서 창의성과 상상력을 마음껏 발휘해볼 수 있기를 진심으로 바랍니다.

오미진

차 례

CHAPTER 01

신통한 과학 이야기

"편리한 일상을 만들어주는 것들의 원리가 궁금해!"

CHAPTER 02

기묘한 과학 이야기

"와우, 온 세상이 화학이야!"

CHAPTER

03

위험한 과학 이야기

"방심은 금물, 아는 것이 힘이다!"

CHAPTER

04

놀라운 과학 이야기

"과학으로 새로운 미래를 만나다!"

"편리한 일상을 만들어주는 것들의 원리가 궁금해!"

지금 여러분이 앉아 있는 곳을 중심으로 주변을 돌아봅시다. 천장에는 조명등이 보일 것이고, 책상에는 컴퓨터나 노트북이 놓여 있겠군요. 날씨가 덥다면 미니선풍기를 손에 쥐고 있을지도 모르겠네요. 분신 같은 스마트폰은 아마도 손만 살짝 뻗치면 닿을 수 있는 곳에 놓여 있을 것이며, 태블릿 PC를 이용하는 사람도 있을지 모르겠습니다. 웬만한 가정에서 거의 필수품처럼 여겨지는 텔레비전, 청소기, 세탁기, 전자레인지, 에어프라이어, 헤어드라이어에 이르기까지 현대의 살림살이 중에서 전자제품이 차지하는 비중은 우리의 생각보다 매우 높습니다. 전자제품뿐만 아니라 코로나 19 유행 이후 우리가 매일 사용하는 마스크에도 과학적 원리가 숨어 있습니다. 우리는 일상적으로 이러한 것들을 사용하고 있지만, 정작 이것들이 작동하거나 작업을 수행하는 등의 과학적 원리에 관해서는 무심한 경우가 많죠. 즉 매일 접하고 친숙하게 사용하고 있지만, 정작 그것들의 정체에 관해서는 잘 모르고 있다고 봐야 합니다. 그래서 먼저 우리 가정에서 매일 접하는 가전제품과 일상용품에 관한 알아두면 쓸모 있는 신통한 과학 이야기들을 중심으로 이 책의 첫 장을 시작하려고 합니다.

CHAPTER 01

신통한
과학 이야기

01

"미세먼지 아웃!" 공기정화의 핵심 비밀은 무엇?

엄마들은 아침마다 잠에 취한 자녀들을 깨우기 위해 기상전쟁을 벌입니다.

"아침이다! 얘들아, 일어나서 학교 가야지. 얼른 일어나세요!

그나마 코로나 19의 대유행 때문에 등교 대신에 온라인 수업이 이루어지기도 하지만, 그럼에도 불구하고 아침 일찍 자녀들을 깨우는 것은 엄마들의 주요 아침 일과입니다. 그런데 과거와 달리 눈을 뜨자마자 아이들이 엄마에게 자주 묻는 말이 있습니다. 어쩌면 벌써 눈치 챘을지도 모르겠군요.

"엄마, 오늘 미세먼지는 어떻대요?"

"미세먼지 농도는 보통이고 초미세먼지는 진하대. 마스크 쓰고 가."

"짜증나, 요즘 미세먼지 심해서 밖에서 체육도 못해요!"

이제는 기상예보에서 날씨와 함께 미세먼지 소식도 함께 알려주는 것이 상식이 되었습니다. 미세먼지 농도가 높은 날이면 자연히 실내에서 보내는 시간들이 늘어납니다. 어쩐지 이제는 깨끗한 공기를 들이마시며 숨 쉬는 것이 어느덧 우리에겐 특별한 일상이 된 것 마냥 느껴집니다. 미세먼지가 무서워서 창문을 온통 꼭꼭 닫아놓다 보니 방안 공기가 어쩐지 꿉꿉하고 영 갑갑하기 짝이 없습니다. 창문을 활짝 열고 시원하게 환기를 좀 시켰으면 좋겠는데, 요즘에는 맘 편히 창문을 열기 께름칙한 날이 많죠. 뿌연 하늘을 바라보며 가급적 밖에 나가지 않으려 하고, 집안에 있어야 안전할 거라고 막연히 믿고 있는 현대인들입니다.

여러분의 집안 공기는 안전한가요?

그런데 집안은 정말 안전할까요? 미세먼지 때문에 창문을 꽁꽁 닫아놓고 있다 보니 제대로 환기도 할 수 없는 요즘, 우리를 또 갑갑하게 만드는 뉴스가 있습니다. 바로 실내공기의 오염 또한 심각하다는 보도들이죠. 미세먼지 때문에 창문도 마음껏 못 여는 마당에 대체 어쩌라는 소리인지 뉴스를 듣고 있노라면 답답하기만 합니다.

실제로 집안에서 생활하는 동안에 우리 집 공기는 과연 어떤 상태일까요? 보통의 가정에서는 요리와 청소, 빨래 등이 일상적으로 이루어집니다. 그리고 도시의 주요 거주 형태인 아파트나 빌라는 시멘트를 주 재료로 만들어지죠. 그리고 책상에 얌전히 앉아서 공부도 하겠지만, 집안을 돌아다니기도 하고, 때론 침대나 소파에서 뛰다가 엄마에게 야단을 맞기도 합니다. 옷장, 찬장, 수납장 등의 문들은 하루에도 수차례 열고 닫기를 반복하죠. 그런데 우리가 제대로 인지하지 못하고 있을 뿐, 이 모든 과정에서 알게 모르게 우리 몸에 유해한 실내 생활 미세먼지와 다양한 화학물질 같은 것들이 생겨납니다. 특히 아파트를 만드는 주 재료인 시멘트는 인체에 유해한 화학물질을 함유하고 있고, 벽에 칠하는 페인트나 가구에 쓰이는 접착제 등에도 포름알데히드와 휘발성 유기화합물들이 들어있습니다. 게다가 요즘은 실내에서 반려동물을 키우는 가구가 늘어나면서 부유물과 부유세균, 진드기 등으로 인한 가정의 공기오염 요소가 지속적으로 증가하고 있습니다. 즉 집안 공기조차 우리에게 안전하지 않을 수 있다는 뜻입니다.

그래서 요즘 많은 가정에서 필수 가전제품으로 떠오른 것이 바로 공기청정기입니다. 바깥 공기가 미심쩍으니 문을 여는 대신 공기청정기 전원을 켭니다. 환기 대신에 공기청정기를 활용하는 거죠. 텔레비전 광고를 보면 공기청정기 전원을 켜는 순간 집안이 마치 숲 속처럼 변화하는 연출로 마법처럼 공기가 정화되는 것 같은 착각에 빠지게 됩니다.

공기청정기, 대체 어떻게 공기를 맑게 한다는 거지?

광고처럼 공기청정기가 집안 공기를 맑고 깨끗하게 만든다면, 대체 어떤 원리로 작동하는 걸까요? 즉 우리가 공기청정기 전원을 켜면 어떤 일이 벌어질까요? 우리가 소위 말하는 '공기'는 여러 가지 종류의 기체들과 기체 사이에 떠다니는 부유물들의 혼합물을 총칭합니다. 즉 우리가 코로 숨을 쉬면 그 안에는 우리가 교과서에서 배운 질소, 산소, 이산화탄소 등 여러 가지 성분의 기체만 들이마시는 게 아닙니다. 기체 속에는 일반 먼지부터 공장 등 여러 곳에서 내보낸 여러 종류의 기체들과 부유물들이 들어 있으니까요.

상식적으로 한번 생각해봅시다. 지저분한 공기를 깨끗하게 정화시키려면 어떤 일들을 해야 할까요? 공기 중에 섞여 있는 공기가 아닌 불순물들을 제거하면 됩니다. 그래서 공기청정기는 실내 공기를 들이마시고 내장된 필터를 통해 공기 중에 섞여 있는 큰 부유물들을 여과, 즉 걸러내죠. 그리고 좀 더 작은 부유물들은 흡착을 이용하여 공기 안에서 제거합니다. 그 후에 다른 여러 유해물들까지 잡아주고 나면 나머지 공기들을 다시 밖으로 내보내는 것입니다. 여기에서 여과란 입자 크기의 차이를 이용하여 액체나 기체, 고체들이 섞여 있는 혼합물로부터 고체입자를 물리적으로 분리하는 과정이고, 흡착이란 고체의 표면에 기체나 용액의 입자들이 달라붙는 것으로, 공기의 혼합물이 필터를 지나가면서 필터에 걸려 분리되는 것을 말합니다.

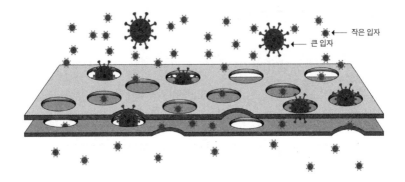

작은 입자

큰 입자

여과의 원리

공기청정기는 필터를 통해 큰 입자부터 작은 입자까지 걸러내게 된다. 무질서하게 엉켜 있는 섬유층을 통과하면서 먼지가 사이사이 끼게 되면서 걸러져 제거되는 것이다.

이러한 과정을 계속 반복하다 보면 결국 공기 중에 섞여 있던 온갖 부유물이 제거되는 것입니다. 시중에 나와 있는 공기청정기의 대부분이 바로 이러한 원리로 공기 속의 부유물과 유해물질을 깨끗하게 걸러냅니다. 이러한 정화 과정이 가능한 핵심은 바로 분자의 크기가 서로 다르다는 데 있습니다. 즉 우리가 호흡하는 데 필요한 산소와 질소 등은 매우 작은 분자로 이루어져 있습니다. 물론 먼지와 세균들의 입자도 작기는 하지만, 공기에 비해서는 상당히 큰 편입니다. 바로 그 점에 착안하여 공기청정기는 필터라는 것을 이용해서 더러워진 공기를 여과시킨 후 깨끗한 공기만 내보내는 거죠. 정리하면, 실내의 오염된 공기를 송풍기를 이용해 대류시켜 공기청정기 내부로 흡입한 다음에 다양한 기능의 청정 장치를 이용하여 거른 후, 정화된 공기로 변신시키는 것입니다.

거를까, 모을까? 아니면 둘 다 할까?

원리는 대체로 비슷하지만 세상의 모든 공기청정기가 다 똑같은 방식으로 공기를 정화하는 것은 아닙니다. 공기 중의 먼지입자를 거르는 방식에 따라 크게 필터를 사용하는 필터 방식과 전기적으로 오염물질을 제거하는 전기집진 방식으로 나뉩니다. 물론 이 두 가지를 결합한 방식을 쓰는 제품도 있습니다.

공기청정기 속에는 필터라는 것이 있는데, 여과와 흡착을 이용하죠. 공기청정기 내부로 흡입된 공기는 필터를 거치면서 여과됩니다. 이 필터는 공기청정기의 생명이라 해도 과언이 아닐 정도로 중요한 역할을 하고 있습니다.

필터식의 공기청정기는 크게 3단계 필터를 쓰고 있답니다. 1단계는 보통 입자가 큰 것을 걸러주는 프리필터를 통과시켜서 큰 먼지의 대부분을 걸러냅니다. 그래도 걸러지지 않은 먼지는 2단계를 거치게 됩니다. 2단계는 헤파(HEPA) 필터나 울파필터라고도 불리는 유엘피에이(ULPA) 필터를 이용해 정전기로 미립자를 집진하는 방법으로 흡착을 합니다. 여기서 헤파나 유엘피에이란 필터의 등급[1] 및 정화 능력에 따른 분류입니다. 에파, 헤파, 울파 이렇게 3가지 명칭으로 10~17까지 있습니다.

....
1. 헤파필터의 숫자가 높을수록 더 작은 미세먼지를 거를 수 있는 필터이고, 미국 환경보호국(EPA)에서 규정한 헤파필터의 등급 분류는 H10~H14까지 있는데 H13 이상인 필터를 트루헤파필터라고 하고, 헤파필터로 거를 수 없는 더 작은 입자는 울파필터(ULPA), Ultra-Low Particulate Air)라는 초고성능필터를 이용한다.

필터 등급 및 정화 능력 (EN 1822 기준)

명칭	등급	제거율(%)	먼지 크기
에파(EPA)	E10	85	1마이크로미터
	E11	95	0.5마이크로미터
	E12	99.5	0.5마이크로미터
헤파(HEPA)	H13	99.75	0.3마이크로미터
	H14	99.975	0.3마이크로미터
울파(ULPA)	U15	99.9975	0.3마이크로미터
	U16	99.99975	0.3마이크로미터
	U17	99.9999	0.3마이크로미터

위의 표에서 정리한 것처럼 헤파(HEPA) 필터 H13 등급은 공기 중 0.3마이크로미터[2]의 미세먼지를 99.75% 제거해주며, 울파(ULPA) 필터는 헤파필터로 거를 수 없는 더 작은 입자까지 걸러줄 수 있는데, 공기 중 0.12마이크로미터의 아주 미세한 먼지 속에 있는 진드기, 곰팡이, 박테리아, 바이러스 등을 99.99%까지 거의 대부분 제거해줄 수 있다고 합니다. 그런데 문제는 급이 높아질수록 먼지를 제거하는 비율이 좋아 더 작은 크기의 먼지까지 제거할 수 있는 반면에 공기의 순환은 원활하지 않기 때문에 가정용으로는 E11~H13 정도를 많이 이용하고 있습니다.

이처럼 2단계에서 유해물질들을 거의 걸러내고 나면 마지막 3단

....
2. 1마이크로미터=1밀리미터의 $1/1{,}000$

계에서는 흡착성이 있는 활성탄을 이용해서 불쾌한 냄새를 제거하기도 하고, 항균성이 있는 은나노 입자를 이용해서 살균력을 강화시키기도 한답니다.

또 다른 방식인 전기집진 방식이란 전기적인 방전에 의한 이온화 방식을 이용하여 공기 중에 부유하는 먼지들을 모으기 위해 강력한 전하를 걸어두어 끌어당기는 방식을 사용하는데, 목적에 따라 여러 가지 방법을 적용하죠. 이온화 방식과 마찬가지로 정전기적 인력을 이용하는 방법 중 하나는, 전기집진 방식에서 양극에 수천 볼트의 고전압을 걸어주어 전극 사이의 기체를 플라즈마 상태로 만들어주는 것입니다. 여기에서 플라즈마 상태란 무엇일까요? 제4의 상태라고 불리는 플라즈마는 초고온의 높은 에너지를 받은 기체 분자나 원자가 양이온(+)과 마이너스전자(-)로 나뉘어 섞이며 독립적으로 존재하고 있는 상태를 말합니다. 이 상태에서 공기청정기가 빨아들인 먼지입자가 들어오면 이것에 전자가 붙어 마이너스(-)전하를 띠게 되어 정적기적 인력에 의해 반대 전하가 걸린 집진판으로 들러붙어 먼지가 제거되는 원리를 이용하는 것입니다. 정전기적 인력을 이용하여 남아 있는 먼지까지 말끔하게 잡아주는 방법이죠.

어떤가요? 마치 가구처럼 있는 듯 없는 듯 조용히 거실 한구석을 차지하고 있는 공기청정기 안에서 이런 섬세한 작업이 끊임없이 일어나고 있었다니 너무 놀랍지 않나요? 얼핏 복잡해 보이지만, 결국 여과와 흡착이라는 생각보다 간단한 원리에서 출발한 것입니다. 다만 여기에 첨단기술이 성능을 살짝 높여준 거죠.

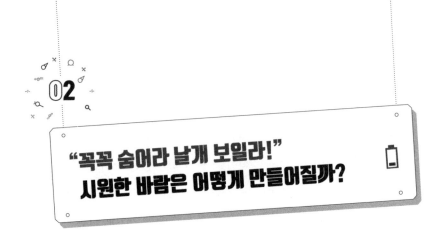

02

"꼭꼭 숨어라 날개 보일라!" 시원한 바람은 어떻게 만들어질까?

우리가 흔히 알고 있는 선풍기는 '바람개비'를 연상시키는 큰 날개가 힘차게 돌아가면서 무더운 여름에 시원한 바람을 일으키는 가전 제품입니다. 그런데 어느 날 갑자기 날개 없는 선풍기가 우리 앞에 등장했습니다.

혹시 여러분도 날개 없는 선풍기를 본 적이 있나요? 최근에는 휴 대용 선풍기 중에서도 날개 없는 모델을 더러 만나볼 수 있습니다. 선풍기에 관한 우리의 고정관념을 뒤엎은 거죠. 요리조리 아무리 들여다봐도 날개는 없습니다. 그런데도 신통하게 시원한 바람을 내 보내는 '대박사건'이 일어난 것입니다. 처음 이 제품을 본 사람들은 이런 의문이 들 수밖에 없었죠.

'날개가 없는데 대체 어떻게 바람이 나올까?'

인위적으로 바람을 일으키려면 자고로 부채처럼 생긴 넙적한 날개가 회전하는 것을 상식처럼 여겼던 당시만 해도 혁명적인 물건이 나타난 셈입니다. 날개 없는 선풍기는 영국의 '다이슨(Dyson)'에서 2009년에 처음 출시하였습니다. 10여년이 흐른 요즘에는 대형마트나 백화점에서 날개 없는 선풍기를 종종 볼 수 있죠.

우리가 바람이라고 느끼는 것의 실체는 기압 차이!?

그럼 다시 사람들의 궁금증으로 돌아가 볼까요? 날개 없는 선풍기에서 나오는 시원한 바람은 대체 어떻게 만들어지는 걸까요? 그 비밀은 바로 기압 차이라는 과학적 원리를 이용한 것입니다.

우리가 느끼는 바람이라는 것은 기압이 높은 곳에서 기압이 낮은 곳으로 공기가 이동하는 현상을 바람이라고 느끼는 것입니다. 공기라는 매질을 이용하여 이동하게 만드는 거죠. 우리가 흔히 알고 있는 선풍기라는 기계는 입체사선 모양의 날개를 돌려 공기를 앞쪽으로 밀어내면서 저기압을 만들고 이 공간으로 공기가 들어오고 들어온 공기를 다시 선풍기 날개가 밀어내고 또 들어오게 하고 다시 밀어내고 하는 방식으로 공기를 이동시켜서 바람을 일으킨 것입니다. 그리고 이렇게 만들어진 바람은 우리 피부의 수분을 증발시키면서 시원함을 느끼게 해줍니다. 이러한 원리에 따르면 시원함을 주는 바람을 일으키는 핵심은 날개를 통한 공기의 이동이라는 뜻인

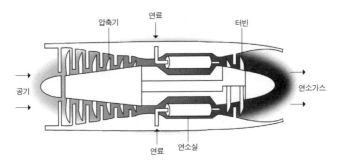

압축기 연료 터빈

공기

연소가스

연료 연소실

제트엔진의 구조
날개 없는 선풍기의 원기둥 모양 스탠드 안에는 바로 제트엔진 원리를 이용하여 외부공기를
흡입하는 숨은 날개가 존재한다.

데, 날개가 없으면 대체 무엇으로 기압차를 만들어내서 공기를 이
동시키는 걸까요? 정말 마법이라도 부리는 걸까요? 하지만 정답은
"날개가 있다"입니다. 다만 우리가 알고 있는 선풍기처럼 눈에 띄지
않을 뿐이죠. 보이지 않게 숨어 있는 것입니다. 날개 없는 선풍기의
몸통을 자세히 들여다보면 구멍들이 뚫려 있는데, 바로 그 안에 날
개가 비밀스럽게 숨어 있는 거죠.

이 날개 없는 선풍기는 등장한 이후 안전성과 성능 면에서 큰 인
기를 얻고 있습니다. 그렇다면 날개 없는(사실은 날개가 숨어 있는)
선풍기가 세찬 바람을 일으킬 수 있는 원리를 좀 더 자세히 알아볼
까요? 위의 그림은 제트엔진의 구조를 그린 그림입니다.

날개 없는 선풍기의 주요 원리는 2가지로 나눠볼 수 있는데, 첫
번째는 제트엔진의 원리이고, 두 번째는 베르누이의 원리[3]로 설명할 수
있습니다. 좀 더 자세히 살펴보면 날개 없는 선풍기의 맨 아래에는

원통 모양의 공기를 빨아들이는 곳이 있습니다. 바로 여기에서 제트엔진의 원리를 이용합니다. 제트엔진의 원리는 열을 발생시키는 열기관의 한 종류로 열기관 내부로 공기를 흡입시켜 연료와 연소를 시키면 고온의 기체가 발생하게 됩니다. 뜨거운 기체를 분출시키며 작용-반작용에 의한 분출기체의 반작용 힘으로 추진력을 얻는 거죠. 이 과정 중에서 날개 없는 선풍기는 제트엔진과 비슷한 모양을 가진 팬을 강하게 회전시켜 공기를 흡입하는 원리를 이용하여 적용한 것입니다.

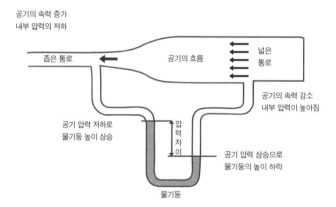

베르누이의 원리
넓은 통로에서 좁은 통로로 갈 때 공기의 속력이 증가하면 속력이 늦은 곳에 비해 내부 압력이 낮아지게 된다.

....
3. 스위스 물리학자인 베르누이(Daniel Bernoulli)가 밝힌 원리로 공기나 물과 같은 유체의 흐름이 빠른 속력으로 흐르는 곳의 압력이 유체의 흐름이 느린 속력으로 흐르는 곳의 압력보다 작아짐을 뜻한다.

그리고 두 번째 원통에는 베르누이 원리가 이용됩니다. 베르누이 원리는 공기나 물과 같은 유체가 빠른 속력으로 흐르면 압력이 작아지고, 느린 속력으로 흐르면 압력이 높아져 아래에서 위쪽 방향으로의 기압 차이가 생기는 것을 말합니다. 비행기가 뜰 수 있는 이유인 양력[4] 또한 이 원리로 설명할 수 있죠.

아직 좀 어려운가요? 좀 더 쉽게 풀어서 설명하면, 날개 없는 선풍기는 일반적인 선풍기처럼 바깥쪽 전면에 날개가 크게 붙어 있는 구조가 아니라 원기둥 모양의 스탠드 아래에 모터와 함께 날개가 숨어 있는 것입니다. 그런데 바람을 일으키려면 기압차를 만들어야 하므로 공기가 필요합니다. 그래서 원기둥 안에 들어 있는 모터가 외부 공기를 빨아들이는 것입니다. 바로 이때 적용되는 것이 제트엔진의 원리인 거죠. 제트엔진이 추진력을 얻기 위해서 필요한 공기를 팬을 회전시켜 빨아들이는 것처럼 날개 없는 선풍기의 둥근 스탠드 안에서 숨겨진 날개를 회전시켜 공기를 기기 안쪽으로 강하게 빨아들입니다. 즉 선풍기 스탠드에 내장된 팬과 전기 모터의 작용으로 아래쪽에서 공기를 빨아들이고, 이 공기를 위쪽 둥근 고리 내부의 작은 틈으로 힘껏 밀어 올리는 거죠.

오른쪽 그림에서(27쪽 참조) 묘사한 것과 같이 속이 빈 둥근 고리 내부로 밀려 올라간 공기는 '고리'라는 구조적 특징으로 인해 유속이 빨라집니다. 이 고리는 마치 비행기의 날개처럼 한쪽은 둥근 고

---

4. 유체 속을 운동하는 물체에 운동 방향에서 수직 방향으로 작용하는 힘을 말하는데, 비행기의 경우 날개에서 생기는 이 힘에 의해 날 수 있다.

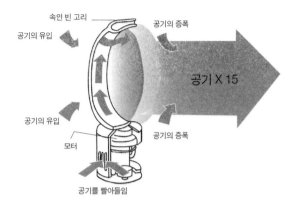

속인 빈 고리
공기의 유입
공기의 증폭
공기 X 15
공기의 유입
모터
공기의 증폭
공기를 빨아들임

외부에서 흡입된 공기가 증폭되는 과정

날개 없는 선풍기는 하단의 모터를 통해 바깥 공기를 흡입한 다음 속이 빈 둥근 고리 내부로 공기를 밀어 올리는 모습과 밀어 올린 공기가 선풍기의 좁은 틈을 통해 빠르게 나오면서 공기압의 차이를 만든다.

리의 형태로 되어 있고, 다른 한쪽은 편평하게 되어 있습니다. 비행기의 날개와 같은 이러한 모양 때문에 공기가 곡선을 띤 둥근 고리 안쪽 면을 지나는 쪽이 평평한 쪽을 지날 때에 비해 속력이 빨라지며 기압은 낮아지는 것입니다. 마찬가지로 선풍기 고리 주변의 공기가 고리 안쪽으로 유도되면서 고리를 통과하는 강한 공기의 흐름이 형성됩니다. 이 기류로 주위의 공기 또한 함께 흐르면서, 이때 고리를 통과하는 공기의 양은 모터를 통해 아래쪽으로 빨려 들어간 공기의 양에 비해 약 15배 정도로 증가시키는 원리로 강력한 바람이 만들어지는 것입니다. 숨은 날개로 흡입한 공기가 내부의 작은 틈을 통해 강력한 바람이 된 거죠. 둥근 고리 속에 숨어 있는 비밀이 바로 베르누이 원리입니다. 그리고 이러한 원리로 시원한 바람을 만들어내는 것이 바로 날개 없는 선풍기랍니다. 그렇기 때문에 우리가 기존에 알고 있는 날개가 바깥에서 돌아가는 선풍기에 비해 세기가 일정하고 부드러우면서도 한층 강력한 바람을 만들어낼 수 있죠. 또 집에 어린아이가 있는 경우 간혹 선풍기의 망 안으로 무심코 손가락을 넣었다가 크게 다치는 경우가 종종 있는데 날개 없는 선풍기는 그런 면에서도 안전성이 우수합니다. 다만 제조사에서도 이 제품을 출시하기 전까지도 소음을 줄이기 위한 연구에 매진했을 만큼 공기를 강하게 끌어들여야만 하는 제품의 특성상 소음이 다소 높은 점이 주요 단점으로 꼽힙니다. 이러한 점은 앞으로도 보완이 필요할 것입니다.

세상을 깜짝 놀라게 하는 발명품의 대부분은 이렇듯 고정관념을 깨는 작은 발상에서 시작되는 경우가 많습니다. 날개 없는 선풍기 또한 전기 선풍기가 세상에 나온 이후 100년이 넘는 시간 동안 대중에게 깊이 각인된 선풍기에 대한 고정관념에서 벗어나, 안전과 좀 더 시원한 바람에 대한 연구자의 집념어린 노력 끝에 탄생한 의미 있는 결과물인 셈이죠.

03

"기화열을 잡아라!" 시원한 에어컨의 뜨거운 비밀

2020년은 역대급 폭우를 동반한 지루한 장마까지 더해져 습하고 더운 날씨가 이어졌습니다. 언제부터인가 우리나라는 여름마다 열대기후를 능가할 만큼 연일 30도를 웃도는 폭염이 몰려오고 있습니다. 심지어 대구의 경우 '대프리카[5]'라는 이름값에 맞게 40도에 육박하는 무시무시한 폭염이 기승을 부렸죠. 사실 기후변화로 인해 우리나라뿐만 아니라 전 세계가 기록적인 폭염에 몸살을 앓고 있습니다. 폭염경보가 내려지면 낮에는 물론이고 밤에도 열이 채 식지 않아 뜨거운 열대야가 이어지며 후덥지근함 속에서 불쾌지수가 한없이 높아집니다. 이렇듯 무지막지한 폭염 속에서는 선풍기 바람만으로는 더위를 감당하기 어렵습니다. 아마 이제는 에어컨이 없다면

5. '대구+아프리카'를 뜻하는 신조어

기나긴 여름을 버텨내기가 어려울 것입니다.

아무리 더운 날에도 공기를 차갑고 쾌적하게 식혀주는 고마운 에어컨은 이제 우리 생활에서 빼놓을 수 없는 필수 가전제품이 된 지 오래입니다. 그렇다면 에어컨은 어떤 원리로 공기를 차갑게 바꿔주는 걸까요? 이것은 저온의 열원으로부터 열에너지를 흡수하여 고열원으로 에너지를 방출하는 것이기 때문에 열역학의 기본 성질인 "열은 고열원에서 저열원으로 이동한다"는 것에 반하는 원리이죠. 에어컨뿐만 아니라 냉장고 등 각종 냉방기기들이 모두 바로 이러한 열역학 법칙에 반하는 원리를 이용한 것들입니다.

혹시 머리가 아픈가요? 그럼 쉬운 예를 하나 들어봅시다. 무더운 여름에 뜨거운 바닥에 물을 뿌리면 잠시지만 주변 공기가 시원해진 느낌을 받을 것입니다. 물이 증발하면서 바닥의 열을 빼앗아가기 때문이죠. 액체가 기체로 상태가 변하는 것을 기화라 하고 이때 필요한 열을 기화열이라고 합니다. 에어컨은 이러한 상태 변화에 출입하는 열을 이용한 것으로 에어컨을 켤 때 청량감이 느껴지는 이유이기도 합니다. 기화열을 이용하여 역으로 시원한 냉기를 만들어내는 거죠. 이는 에어컨뿐만 아니라 냉장고도 마찬가지입니다.

열펌프가 만들어내는 쿨한 매직

열을 뿜어내는 것을 열펌프라고 합니다. 열펌프는 4가지의 주요 기능을 가진 압축기, 응축기, 팽창구, 증발기와 그 내부를 순환하는 냉매로 작동합니다. 열펌프 내부의 기체는 액체 상태와 기체 상태의 상태 변화를 오가며 열을 흡수하거나 방출하면서 동일한 순환을 반복합니다. 응축기의 높은 온도의 열을 난방으로도 사용할 수 있기 때문에 최근 열펌프는 냉난방 겸용으로 개발 및 이용되고 있습니다. 보통 사무실에서나 상가에서는 냉난방이 겸용으로 되는 기기들을 많이 이용하고 있죠. 그렇다면 이 열펌프의 원리를 조금만 더 자세히 살펴보도록 합시다.

아래 그림은 열펌프의 주요 구조를 그린 것입니다. 그림에서 묘사한 것과 같이 에어컨에는 차가운 기체 상태의 냉매를 강하게 압축을 시키는 **압축기**(compressor)가 있습니다. 이곳에서 압축된 냉매를 공기와 접촉시켜 액화시키는 **응축기**(condenser)가 있고, 응축된 것

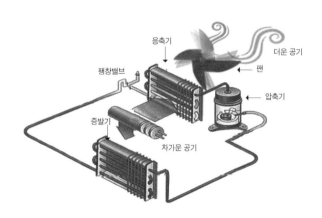

에어컨 열펌프의 주요 구조와 냉각 과정
냉각 과정은 냉각제가 압축기, 응축기, 팽창밸브, 증발기를 거치며 이루어진다.

을 급 팽창시키는 팽창밸브에서 액체 냉매가 기화하면서 주변의 열을 빼앗아 차갑게 만드는 증발기(Evaporator)가 있습니다. 각각의 기능을 좀 더 자세히 정리하면 다음과 같습니다.

1. 압축기: 실외기 속에 있으며. 기체 상태의 냉매는 이곳에서 고온, 고압의 상태가 된다.
2. 응축기: 실외기 속에 있으며 앞의 1번 압축기에서 나온 고온·고압의 기체는 외부에서 흡입된 공기와 만나 식으면서 액체가 되며 열을 실외기에서 외부로 방출시킨다.
3. 팽창밸브: 냉매의 압력과 온도가 떨어지는데, 좁은 곳을 통과할 때 유체의 속도가 커지고 압력이 낮아지는 베르누이 원리를 이용해 모세관을 통과시켜 고압 상태인 액체의 압력을 낮추어 액체가 증발기에서 잘 증발될 수 있게 한다.
4. 증발기: 실내기에 있으며, 팽창밸브를 나온 액체 상태의 냉매는 온도와 압력이 낮은 상태로 주변의 더운 공기 속 열을 흡수해 기체 상태로 증발한다. 이렇게 되면 주위의 공기는 차가워지며 이 공기를 팬을 이용해 실내로 보낸다. 완전히 증발된 기체는 다시 압축기로 들어가 냉각 시스템이 순환되며 반복된다.

압축기에서는 기화된 냉매를 전기에너지를 이용하여 압축시키는 과정으로 기체 상태의 냉매가 압축되면, 압력이 올라가며 온도가 올라가 고온·고압의 상태가 됩니다. 이렇게 온도와 압력이 증가한 기체 냉매를 응축기로 보내면 응축기에서는 뜨거워진 기체를 외부 공기로 식히며 액체로 만들어주는 과정을 진행하죠.

우리가 소위 에어컨 실외기라고 부르는 것이 바로 이 응축기에 해당됩니다. 압축기에서 나간 고온·고압의 기체가 실외기의 외부 쪽으로 가게 되면 고온에서 저온으로 가려는 열의 성질 때문에 자연스럽게 열이 밖으로 빠져나가며 온도가 떨어집니다. 응축기에서 압력이나 온도는 처음보다 낮아진 액체 상태로 **팽창밸브**로 가게 됩니다. 그런데 팽창밸브로 가면 끝부분의 단면적이 좁아 앞서 날개 없는 선풍기에서 설명한 바 있는 베르누이의 법칙에 의해 유체의 속도가 빨라지는 만큼 유체의 압력은 매우 낮아짐으로써 냉매가 주변의 열을 흡수하기 좋은 상태로 변화합니다. 압력은 내려가고 분자 간 거리가 멀어지면서 온도는 떨어지게 되며, 저온·저압의 액체 상태에서 **증발기**로 들어가게 되는 거죠. 이 저온·저압의 액체가 증발기 안의 코일을 타고 들어가면서 실내의 더운 공기와 만나면, 뜨거운 바닥에 물을 뿌렸을 때 물이 기체로 증발하는 것처럼 다시 기체로 바뀌며 증발하는데, 이때 주위의 열을 빠르게 흡수하는 것입니다. 그 결과 공기는 차가워지는데 팬을 돌려 차가워진 공기를 실내로 내보내 줍니다. 그리고 저온·저압의 기체 상태에서 다시 압축기로 들어가는 순환이 반복적으로 이루어지면서 실내의 더운 공기를 실외로 퍼 나르는 것입니다.

이렇게 실내에 있는 열을 밖으로 퍼 나르는 열펌프와 같은 역할을 하는 것이 에어컨입니다. 또한 에어컨을 켜면 쾌적하면서 습기가 제거되는 느낌을 받습니다. 냉방 과정에서 실내의 습기 같은 것들이 증발기에서 응결되어 물로 변하고 이 물이 다시 배관을 따라 외부로 방출되기 때문인데, 이것이 바로 에어컨 제습의 원리이죠.

더위와의 오랜 전쟁 그리고 우리가 치러야 할 대가

과학기술의 발전으로 현대인들은 선풍기나 에어컨 같은 냉방기기를 가정에서 흔하게 접할 수 있습니다. 하지만 지금만큼 과학기술이 발전하기 전에는 어땠을까요? 여름이면 어김없이 찾아오는 무더위 속에서 손부채질을 하면서 그저 빨리 여름이 지나가기를 바라고 있지는 않았을 것입니다. 실제로 고대부터 사람들은 더위를 피하기 위해 여러 가지 꽤 과학적인 노력들을 해왔습니다. 예컨대 로마인은 집안을 시원하게 만들기 위해 찬물이 순환되도록 벽 뒤에 수도관을 설치하기도 했습니다. 사실 로마는 씻고 마시는 물이 흐르는 수도관을 납으로 만들었죠. 만성적으로 미량의 납을 섭취함으로써 야기되는 만성중독에 대한 지식이 없었기 때문입니다. 일부에서는 이것이 로마 멸망을 부추겼다고 하는 의견도 있습니다. 하지만 어쨌든 당시에 벽에 냉방을 위한 찬물이 순환되는 수도관을 설치했다는 점은 높이 평가하지 않을 수 없습니다.

또 미국의 정치가이자 과학자, 저술가인 벤자민 프랭클린과 동료 하들리는 1758년, 수은 온도계에 에테르를 적신 후 풀무질을 하여 이를 증발시켜 온도를 떨어뜨리기도 했습니다. 이와 비슷한 원리로 중국에서는 연못 주변의 찬 공기를 끌어들이기 위해 그 시절에 회전하는 선풍기를 개발하기도 했다고 합니다. 즉 공기 상태의 변화를 이용하여 주변을 시원하게 만드는 노력은 예전부터 있어온 거죠.

지금의 에어컨은 마이클 패러데이가 압축·액화된 암모니아가 다시 기화할 때 공기가 시원해지는 것을 발견한 이후로 많은 사람의 노력과 도전으로 점점 사용하기 편하고 간편하게 변모하고 효율 또한 높아지고 있습니다. 최초의 상업적 에어컨은 1902년 미국의 윌리스 하빌랜드 캐리어(Willis Haviland Carrier)라는 사람이 만들어 사용하였습니다. 옛날 사람들의 성가신 노력에 비하면 우리는 너무나 편리한 세상에 살고 있는 셈입니다. 그저 에어컨이나 선풍기 스위치를 켜기만 하면 되니까요.

하지만 세상에 공짜가 없듯이, 편리함에는 대가가 따르는 법입니다. 바로 환경문제이죠. 에어컨에 사용되는 냉매가 오존층 파괴의 주범으로 꼽히는 것을 여러분도 잘 알고 있을 것입니다. 물론 에어컨이 등장한 이후 안전한 냉매를 찾기 위한 많은 노력들이 이어졌습니다. 초기에는 에어컨의 냉각제로 암모니아(NH_3), 염화메틸(CH_3Cl), 프로판(C_3H_8) 등을 사용하였으나, 1928년에는 인체에 안전한 프레온(CFC)을 개발하여 사용하게 되었는데, 프레온가스는 화학적으로 안정한 성질로 냉매에도 사용되고 발포제, 분사제 등 산업 분야에서 많이 사용되었습니다. 그러다가 대기 오존층을 파괴하는 주범으로 꼽히면서 사용을 점차 줄여가게 되었죠. 프레온에 붙어 있는 염소가 자외선에 의해 떨어져 나가면 이 염소원자의 강력한 산화 능력으로 인해 성층권에 있는 오존을 산소로 만드는데, 이는 오존층 파괴를 의미하는 것이기 때문입니다. 현재 에어컨에 가장 많이 사용되고 있는 냉매는 HCFC(hydrochlorofluorocarbon, 염화불화탄화수소)이지만, 안타깝게도 프레온가스보다 좀 덜할 뿐, 이 또한 오존층을 파괴하는 효과가 있다고 합니다. 우리나라에서는 2040년까지는 사용이 전면금지될 예정입니다. 우리가 일상적으로 편리하게 누리고 있는 에어컨의 시원하고 쾌적한 공기에는 전기에너지와 환경오염이라는 대가가 차곡차곡 지불되고 있음을 항상 기억해야 할 것입니다.

04

"기름 없이 튀긴다?" 신통방통 에어프라이어

튀기면 '운동화'도 맛있다는 우스갯소리가 있습니다. 야채부터 고기나 생선 등에 튀김옷을 입힌 후 고온의 기름에 튀기고 나면 겉은 바삭하고 속은 촉촉한 맛있는 튀김이 완성되지요. 하지만 아쉽게도 튀김은 소위 나쁜 콜레스테롤이라고 불리는 LDL 콜레스테롤을 높이는 대표적인 음식이라고 합니다. 특히 기름의 특성상 고온으로 가열하면 산화되기 쉽죠. 산화된 기름은 온갖 질병을 일으키는 원인이 됩니다. 그런데 문제는 이뿐만이 아닙니다. 튀김 요리를 하는 과정에서 실내에 엄청난 미세먼지까지 만들어집니다. 맛과 건강을 맞바꿔야 하는 대표적인 음식으로 튀김이 꼽히는 이유입니다. 그럼에도 불구하고 튀김요리 특유의 고소한 맛의 유혹에 사람들은 쉽게 넘어가곤 합니다. 그런데 어느 날 우리 앞에 눈이 번쩍 뜨이는 획기적인 상품이 이런 발칙한 카피를 내걸고 등장했습니다.

"공기로 튀긴다. 건강한 튀김!"

튀김이 건강하다는 말도 아이러니이지만, '공기'로 튀긴다니? 이게 대체 무슨 말인가 하며 갸우뚱했습니다. 자고로 튀김은 펄펄 끓는 기름에 튀겨야 제맛인데 말이죠.

에어프라이어 도대체 누구냐, 넌?

우리나라의 많은 가정에서 애용하고 있는 에어프라이어는 기름 없이 뜨거운 고온의 공기로 재료를 익히는 가전제품을 말합니다. 즉 뜨거운 기름에 담가서 튀기는 대신에 고온의 공기를 이용하여 튀김 요리를 하는 신박한 기계로 헤어드라이기의 원리를 이용한 멋진 창작물입니다. 관찰과 응용, 창작으로 에어프라이어라는 멋진 기구가 태어난 거죠. 에어프라이어는 전기로 뜨거운 열을 만들어내고 공기를 순환시켜서 약간의 기름기만 있다면 음식을 바삭하게 튀겨낼 수 있습니다.

　다시 말하지만 원리는 헤어드라이어와 비슷합니다. 헤어드라이어는 머리카락을 효과적으로 말리기 위해 바람을 만들어내는데 내부의 팬으로 외부 공기를 빨아들이면 이 공기는 내부의 열선을 통과하며 온도가 올라갑니다. 그 결과 고온의 바람이 형성되지요. 당연히 온도가 높은 바람이 온도가 낮은 공기에 비해 머리카락의 수

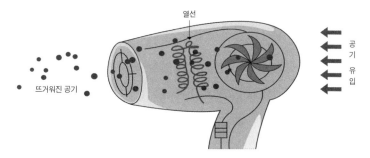

헤어드라이어의 원리

에어프라이어는 헤어드라이어의 원리를 이용한 조리 도구이다. 열선을 통해 공기를 뜨겁게
가열하는 헤어드라이기의 원리를 이용해 튀김을 요리하는 것이다.

분을 빠르게 증발시켜줍니다. 그냥 온도만 높이는 것이 아니라 뜨
거운 바람을 만들어 수중기를 날려버리는 거죠.

에어프라이어 내부를 살펴보면 헤어드라이어와 마찬가지로 전
기로 고열을 만드는 열선과 팬이 있습니다. 온도 설정에 따라 온도
가 200℃까지 올라갈 수 있죠. 전기로 열선을 달구어 만들어진 고
열을 에어프라이어 내부에 가두어 놓고 팬을 빠르게 회전하여 공기
를 순환시켜 뜨거운 공기의 열을 이용하여 음식을 익히는 것입니
다. 뜨거운 공기가 뜨거운 기름의 역할을 대신하여 재료의 온도를
높여서 튀김처럼 조리하는 원리입니다.

다시 말해 팬을 돌려 공기가 뜨거운 열선을 통과하게 함으로써
뜨겁게 데워진 공기를 프라이어 내부로 들어오게 하는 원리입니
다. 그렇게 뜨거워진 공기를 순환시키는 방식으로 조리를 하는 것
입니다. 뜨겁게 달궈진 공기는 내부에서 순환되며 음식의 겉과 속

의 온도를 같이 올리게 되니까요. 뜨거워진 열선을 통해 들어온 공기의 대류열을 이용하여 음식을 가열하는 원리입니다. 음식을 이루고 있는 성분 중 지방은 비열이 작아 온도가 빨리 올라가게 되며, 기기 내부에서 높은 온도의 뜨거운 공기를 순환시키면 어느새 음식 겉면의 수분은 빠른 속도로 날아갑니다. 이렇게 고온의 바람을 순환시켜주면 마치 기름에 튀긴 것처럼 겉이 바삭하고 속은 촉촉한 맛있는 튀김이 만들어집니다. 음식의 종류와 양에 따라 온도와 시간을 조절하여 요리하는 아주 간편한 기계입니다. 열의 이동과 공기의 대류를 이용한 아이디어 상품이죠.

그런데 혹시 에어프라이어에 감자튀김을 잔뜩 집어넣고 튀겨본 적 있나요? 한 번에 많이 먹고 싶은 마음에 여러 겹으로 층층이 쌓아두고 온도를 높여 요리하면 바삭하기는커녕 눅눅하게 조리되기 십상입니다. 뭉쳐지지 않을 만큼만 양을 조절해야 바삭한 튀김이 완성되죠. 왜 그럴까요? 그건 바로 여러 겹 뭉쳐진 상태로 조리하면 공기순환이 일어나지 못하기 때문입니다. 왜냐하면 여러 겹 쌓여 있는 상태로는 음식물 사이사이로 공기가 들어가지 못해 공기순환에 저항이 생기니까요. 음식의 사이사이로 공기가 잘 들어가게 해야 바삭하고 맛있는 튀김요리를 만들 수 있습니다. 그러니까 욕심만 앞서서 너무 많은 양을 넣어서 조리하면 안 되겠죠?

또한 기름기나 수분이 거의 없는 것들을 조리하면 조금 딱딱해질 수 있습니다. 그럴 땐 약간의 기름을 발라서 에어프라이어의 기능을 최대로 이용해서 요리를 하면 됩니다. 온도와 시간 설정만 하면 우리가 좋아하는 감자튀김이나 치킨, 군만두 등을 쉽게 만들 수 있으니 오늘은 간편하게 에어프라이어로 요리하여 가족과 함께 나눠 먹어보는 건 어떨까요?

 여기서 잠깐 ┃ 열은 어떻게 이동할까?

열의 이동은 어떻게 이루어질까? 열의 이동 방법에는 3가지가 있다. '전도', '대류', '복사'가 그것이다. 이미 수업시간에 배웠을지도 모르지만, 이에 관해 잠깐 정리해보자.

▪ **전도**

금속으로 된 물체를 가열하면 가열된 부분의 분자가 열을 받아 활발하게 운동하면서 이웃한 분자로 전달되어 열이 이동하는 방법

예) 뜨거운 국에 숟가락을 넣으면 손잡이가 뜨거워진다.

▪ **대류**

열을 받은 액체나 기체 상태의 분자가 직접 이동하면서 열이 전달되는 방법

예) 방의 한쪽에 난로를 켜두면 방 전체가 따뜻해진다.

▪ **복사**

빛과 같은 형태의 에너지가 물질의 도움 없이 직접 물질에 닿아 열이 전달되는 방법

예) 난로 가까이 있을 때 열기를 느끼는 것은 열이 다른 물질을 거치지 않고 직접 전달되기 때문이다

05

"화학에너지를 전기에너지로~!" 리튬이온배터리의 모든 것

철강, 에틸렌, 반도체에 이어 앞으로는 전기차 배터리가 미래산업의 '쌀'이라고 칭해집니다. 그만큼 미래에 '배터리' 산업이 차지하는 비중이 중요해졌다는 뜻입니다. 여러분은 아직 이 말에 조금 거리감을 느낄지도 모르지만, 이미 우리 생활에서 '배터리'는 떼놓을 수 없습니다. 흔히 '배터리' 하면 아마도 스마트폰이 떠오를 것입니다. 한시도 스마트폰을 손에서 놓지 못하는 현대인은 행여 스마트폰 전원이 꺼질까 봐 콘센트가 보이면 배터리를 빵빵하게 충전해놓으려고 하죠. 배터리는 화학에너지를 전기에너지로 바꿔주는 장치입니다. 비단 스마트폰뿐만 아니라, 노트북, 시계 등 우리의 일상에서 배터리 없는 물건을 찾아보기 힘들 만큼 곳곳에 두루 사용되고 있죠. 여기에서는 그중 리튬이온배터리에 대해 이야기해보고자 합니다. 이것은 우리의 스마트폰에도 사용되고 있는 배터리이기도 하죠.

산화와 환원반응으로 에너지를 발생시키는 리튬이온배터리

리튬이온배터리 이전에는 니켈카드뮴배터리[6]가 주로 사용되었습니다. 리튬이온배터리는 니켈-카드뮴에 비해 가볍고 에너지 밀도 또한 높으며, 보관이 용이해서 휴대용 전자기기에 많이 이용됩니다. 그럼 대체 어떤 원리로 전기를 만들어낼까요? 간단히 말해 양극과 음극 물질의 산화-환원반응으로 화학에너지를 전기에너지로 바꾸는 것이라고 설명할 수 있습니다. 여기에서 산화-환원이란 반응물 사이의 전자 이동이 일어나는 반응을 말하는데, 전자를 잃는 쪽은 산화, 전자를 얻는 쪽은 환원되었다고 합니다. 그런데 이 산화-환원반응으로 대체 어떻게 충전과 방전이 이루어지는 걸까요? 이에 관해 좀 더 알아보도록 합시다.

다음 그림에서(44쪽 참조) 묘사한 것처럼 리튬이온배터리는 크게 양극, 음극, 전해액, 분리막의 4가지로 구성되어 있습니다. 양극에서는 리튬산화물($LiCoO_2$)로 만들고, 음극은 탄소(C) 성분인 흑연이나 그래핀 등을 이용하여 만들어줍니다. 리튬산화물로 구성된 양극은 주로 배터리의 용량과 전압을 결정하고, 흑연이나 그래핀으로 만들어진 음극은 양극에서 나온 리튬이온을 저장했다가 방출하는 과정을 통해 전류를 흐르게 해주는 것으로 배터리의 수명에 영향을 미칩니다. 충전하려고 전기를 연결하면 배터리의 양극에 있는 리튬산화물에서 리튬

---

6. 알칼리 축전지로 양극에는 니켈 수산화물, 음극에는 카드뮴을 사용하였다. 이 또한 충전이 가능한 2차전지임

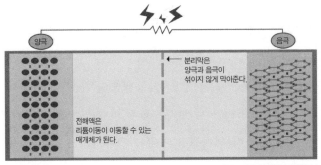

양극   음극

← 분리막은
  양극과 음극이
  섞이지 않게 막아준다.

전해액은
리튬이동이 이동할 수 있는
매개체가 된다.

양극은 배터리의
용량과 전압을 결정한다.

음극은 리튬이온을 흡수·방출하며
전류를 흐르게 한다.

리튬이온배터리의 내부 구조와 구성 물질
양극과 음극, 전해액과 분리막의 4개 요소로 이루어진 리튬이온배터리는 양극과 음극 물질의 산화와 환원반응으로 생겨난 화학에너지를 전기에너지로 바꾸게 됩니다.

이온이 빠져서 음극으로 가고, 그 사이에 전자들은 외부 회로를 따라 음극 쪽에 들어갑니다. 이때 전자를 잃어버린 리튬이온이 전해액을 통해 이동하는 것입니다. 즉 이 전해액은 이온이 이동하는 길이 되는 셈이죠. 전해액을 넣음으로써 이온이 이동할 수 있으니까요.

위 그림에서 보이는 분리막은 양극과 음극이 직접적으로 접촉하는 것을 막아주는 역할을 합니다. 다만 그림에서 점선으로 표현한 것처럼 이 분리막에는 미세한 구멍이 나 있어 리튬이온이 이 미세한 구멍을 통해 이동할 수 있습니다. 이렇게 이동한 리튬이온은 탄소 성분인 흑연이나 그래핀[7] 사이사이에 끼어 있게 됩니다.

양극은 산소와 결합한 리튬산화물의 형태로 이루어집니다. 이는 리튬은 반응성이 커서 불안정하지만, 리튬이 산화물의 형태로 존재하게 될 때는 안정성이 커집니다. 모든 화합물은 안정해지려는 성질이 있어 음극 쪽으로 이동한 리튬이온은 리튬산화물에 비해 불안정한 성질이 강하죠. 표준환원전위라는 것이 있는데, 이는 표준상태에서 전기화학반응의 평형전위를 뜻하는 것입니다. 일반적인 전위서열 몇 가지를 살펴보면 다음 표와 같습니다.

이 전위서열에 따르면 전자를 가장 잘 잃어버리는 성질을 가진 것은 리튬(Li)이고, 가장 낮은 것은 불소(F)입니다. 리튬이온전지는 바로 전자를 가장 잘 잃어버리는 리튬의 성질을 이용한 것입니다.

표준환원전위

	산화제 Oxidizing agent		환원제 Reducing agent		E° [V vs SHE] Reduction potential(V)
약한 산화제	$Li^+ + e^-$	$\rightleftharpoons$	Li	강한 환원제	-3.04
	$Na^+ + e^-$	$\rightleftharpoons$	Na		-2.71
	$Mg^{2+} + 2e^-$	$\rightleftharpoons$	Mg		-2.38
	$Al^{3+} + 3e^-$	$\rightleftharpoons$	Al		-1.66
	$2H_2O(l)+2e^-$	$\rightleftharpoons$	$H_2(g) +2OH^-$		-0.83
	$Cr^{3+} + 3e^-$	$\rightleftharpoons$	Cr		-0.74
	$Fe^{2+} + 2e^-$	$\rightleftharpoons$	Fe		-0.44
	$2H^+ + 2e^-$	$\rightleftharpoons$	H_2		0.00
	$Sn^{4+} + 2e^-$	$\rightleftharpoons$	Sn^{2+}		+0.15
	$Cu^{2+} + e^-$	$\rightleftharpoons$	Cu^+		+0.16
	$Ag^+ + e^-$	$\rightleftharpoons$	Ag		+0.80
	$Br_2 + 2e^-$	$\rightleftharpoons$	$2Br^-$		+1.07
	$Cl_2 + 2e^-$	$\rightleftharpoons$	$2Cl^-$		+1.36
	$MnO_4^- + 8H^+ + 5e^-$	$\rightleftharpoons$	$Mn^{2+} + 4H_2O$		+1.49
강한 산화제	$F_2 + 2e^-$	$\rightleftharpoons$	$2F^-$	약한 환원제	+2.87

※자료: Reducing agent, 위키백과

....
7. 탄소 동소체 중 하나로, 구리에 비해 100배 이상 전기가 잘 통하고, 반도체인 단결정 규소보다는 100배 이상 전자를 빠르게 이동시킬 수 있다. 강도는 강철보다 200배 이상 강하고, 다이아몬드보다 2배 이상 열 전도성이 높으며, 탄성 또한 뛰어나기 때문에 늘리거나 구부려도 전기적 성질을 잃지 않는 꿈의 나노물질로 불린다.

알쏭달쏭 리튬이온에 관하여

리튬이온배터리에 관한 이해를 돕기 위해 리튬이 어떤 물질인지에 대해 좀 더 자세히 알아보기로 할까요? 리튬은 주기율표에서 2주기 (가로로 두 번째 줄) 1족(첫 번째 세로줄)에 속하는 것으로 알칼리금속[8]이라 부릅니다. 알칼리금속은 굉장히 가볍고 반응성이 상당히 크다는 특징을 가지고 있습니다. 화학책을 찾아보면 폭발적 반응성이라고 부를 만큼 반응성이 큽니다. 리튬의 맨 바깥껍데기에 있는 전자가 한 개이기 때문에 전자를 잘 잃어버리는 성질을 가지고 있죠. 그래서 리튬은 전자를 잃고 +1가의 양이온이 되려는 반응성이 큽니다. 바로 이런 성질 때문에 리튬은 자연상태에서는 금속산화물의 형태로 존재하죠.

리튬이온배터리의 충전 반응이 일어날 때에는 리튬산화물의 형태로 있던 리튬(Li)이 리튬양이온(Li⁺)과 전자(e⁻)로 나눠지는데, 충전 시에는 이 전자가 도선을 따라 음극으로 갑니다. 반대로 전자가 음극에서 양극으로 이동하게 되면서 다시 리튬과 만나면 방전이 되는 것입니다. 리튬은 반응성이 굉장히 큰 반면, 금속화합물 형태로 있을 때는 안정성이 크기 때문에 리튬이온배터리는 큰 반응성과 안정성, 두 가지 특징을 모두 가진 셈이죠. 금속산화물 형태의 리튬을 분리해놓은 후 외부회로를 통해 전자를 이동시켜 충전 상태로 만들어줍

....
8. 주기율표에서 1족에 속하는 원소로 수소를 제외한 리튬(Li), 나트륨(Na), 칼륨(K), 루비듐(Rb), 세슘(Cs), 프랑슘(Fr)의 6개 원소를 말함.

니다. 이 상태의 리튬이온은 안정한 형태가 되기 위한 반응을 하려는 경향이 생기겠죠. 세상의 모든 물질은 안정하기를 원하기 때문에, 화학적 안정화를 위해 움직일 수밖에 없으니까요.

이밖에도 리튬이온 전지에는 전해액과 음극재로 적합한 흑연(graphite)이 사용됩니다. 전해액은 앞서도 잠깐 설명했지만, 양극과 음극 사이에 리튬이온의 이동을 원활히 되게 하려고 채워지는 것입니다. 음극재로 사용된 흑연은 여러 개의 층으로 되어 있는데, 이것은 분리된 리튬이온이 그 사이에 쉽게 저장되었다가 방출할 수 있게 하는 역할을 합니다. 분리막은 오직 리튬이온만 통과할 수 있죠.

리튬에 전극차를 주면 양극에서는 리튬에서 나온 전자는 도선을 통해 이동하여 흑연층 쪽으로 이동합니다. 그 사이 리튬이온은 전해액을 통과하여 흑연층 사이에 끼게 되죠. 이것은 충전반응이 일어날 때 나타나는 반응입니다. 이렇게 전자와 리튬이온을 분리하면 불안정해지므로, 다시 리튬이온은 반대쪽인 전해액을 다시 통과하여 양극 쪽으로 이동하여 금속산화물 형태로 결합하게 됩니다. 흑연층 쪽에 있던 전자 또한 다시 반대로 들어가게 되면서 자연스럽게 방전이 되는 원리입니다.

리튬은 반응성이 커서 전자를 잃고 양이온이 되려는 성질이 워낙 강합니다. 따라서 기존의 납축전지나 니켈전지에 비해 훨씬 큰 작동전압과 에너지밀도를 갖습니다. 그리고 세상에 존재하는 금속 중 가장 가볍다 보니 리튬이온전지는 무게가 덜 나가는 장점이 있고, 소형배터리에도 사용하기 편리한 것이 특징입니다.

여기서 잠깐 ㅣ 배터리 생활상식[9]

- **배터리를 버릴 때는 테이프로 붙여주세요!**

건전지나 휴대전화 배터리 등을 버릴 때는 양극과 음극을 테이프로 붙여서 배터리 분리수거함에 넣어주자. 남은 배터리 단자들이 서로 접촉하면 합선이 일어나거나 되거나 열이 날 수도 있기 때문이다.

- **우리가 사용하는 건전지에 유효기간이 있다?**

대답은 '그렇다'이다. 건전지에도 '사용추천 기간'이 있다.

충전을 할 수 있는 리튬이온 배터리의 경우 사용하지 않고 그대로 두더라도 한 달에 4%씩 방전이 되는 현상을 '자가방전'이라고 한다. 구매한 건전지에 보면 월-년 순서로 표기된 숫자를 확인할 수 있는데 . 12-2020라고 되어 있다면 2020년 12월까지 사용하는 것이 좋단 이야기가 된다. 대량으로 산 건전지는 사용하는 것 이외에 나머지 건전지를 저온에서 보관해주면 (냉장실에 보관) 자가방전을 최소화할 수 있다.

- **배터리에서 물 같은 게 나와요?**

이런 일을 막기 위해서는 같은 제조사의 새 배터리끼리 사용해야 한다. 정상적인 배터리에서는 전해액이 나오지 않는다. 배터리의 양이 다른 제품을 함께 사용하여 방전속도가 다른 경우 먼저 방전된 배터리엔 역전압이 걸리고, 용량이 적은 전지는 과방전이 되어 열이 나거나 전해액의 전기분해가 일어나면서 가스가 발생해 전지가 팽창하다 전해액이 흘러나오기도 하는 것이다.

또한 일회용 전지의 경우 절대로 충전하면 안 되는 것을 기억하자!

---

9. 한국전기연구원 '올바른 배터리 이용을 위한 KERI 배터리 가이드북' 한국전기연구원 홈페이지 www.keri.re.kr 참조

리튬이온배터리를 위험하게 만드는 원인은 무엇일까?

리튬이온배터리는 휴대전화나 노트북, 태블릿 PC 등에 장시간 쓸 수 있을 정도로 높은 에너지 밀도를 가지고 있어, 소형화가 가능할 뿐만 아니라, 전지를 완전히 방전시키지 않은 상태에서 충전을 반복하면 시간이 지날수록 전지의 충전용량이 감소하는 현상인 메모리 효과 또한 없기 때문에 수시로 충전해도 어느 한계까지는 용량이 줄어들지 않는 점도 큰 장점입니다. 즉 여러 번 충전해서 계속 사용할 수 있는 2차 전지[10]이며, 자가방전[11]에 의한 전력 손실이 적고, 비교적 수명이 길고, 전압 또한 높게 유지하는 장점을 가지고 있어 널리 사용되고 있습니다. 또한 카드뮴이나 납, 수은과 같은 환경에 좋지 않은 영향을 주는 물질들을 포함하지 않은 점도 큰 장점입니다. 이러한 장점들 때문에 리튬이온배터리는 휴대용 소형 전자기기뿐만 아니라 차세대 교통수단이라 불리는 전기차 배터리에도 이용되는 등 활용 범위가 넓습니다.

이렇듯 리튬이온배터리는 높은 에너지 효율과 휴대성, 안정성 등

---

10. 화학적(chemical) 에너지를 전기적(electrical) 에너지로 변환시킬 수 있으며, 역으로 전기에너지를 공급하면 다시 화학에너지의 형태로 저장할 수 있는 전지로, 충전과 방전을 반복할 수 있는 전지를 말하고, 재충전해서 사용할 수 있는 전지를 2차전지(secondary cell)라고 한다. 이와 달리 1차전지(primary cell)는 화학에너지를 전기에너지로 변환시킬 수는 있지만, 역으로 전기에너지를 화학에너지로 변환시킬 수는 없는 전지를 말하고 다시 말해 재충전해서 사용할 수 없는 전지를 말한다.

11. Self-Discharging. 외부 회로로 에너지가 흘러 나가지 않고도 전지에서 에너지가 저절로 손실되는 현상을 말한다.

의 장점이 있지만, 몇 가지 점에서는 주의가 필요합니다. 그렇지 않으면 매우 위험한 물건으로 돌변할 수 있죠. 우선 알칼리금속의 특성상 반응성이 커서 물과 만나게 된다면 반응이 폭발적으로 일어나며 수소기체를 발생시켜 폭발 가능성이 높다는 단점이 있습니다. 또한 배터리를 떨어뜨리거나 갑작스러운 큰 외부 충격을 받을 경우 양극과 음극의 물리적 접촉을 방지하는 분리막에 손상이 생길 수 있는데, 이때 양극과 음극의 전위차가 급격히 작아지면서 전류가 흐르게 됩니다. 이렇게 되면 열이 발생하여 내부 온도가 높아지면서 휘발성인 리튬염 전해액이 분해되어 수소, 이산화탄소, 메탄가스 등이 발생됩니다. 만약 외부 충격으로 인해 벌어진 틈으로 산소가 공급될 경우 위에서 발생한 가스들은 워낙 폭발성이 큰 기체들이기 때문에 폭발이나 화재 위험이 높아집니다. 간혹 뉴스에서 접하는 배터리 폭발사고들은 자체적으로 안전성에서 미달하는 불량제품인 경우도 물론 있을 수 있지만, 그보다는 사용자가 이러한 안전수칙을 지키지 않거나 배터리를 임의로 분해하여 일어나는 사고도 생각보다 많습니다. 따라서 충격을 가하거나 배터리 내부가 궁금하다는 호기심이 발동하여 함부로 분해해보는 것은 매우 위험하다는 것을 꼭 기억했으면 합니다.

06

"3분이면 뚝딱~" 전자레인지의 조리 비밀은 수분!?

핫바, 떡볶이, 삼각김밥, 만두 등 학원이나 스터디카페, PC방 등에서 열심히 공부나 게임을 하다가 출출해지면 시중에서 판매하는 다양한 간편식들을 즐겨 사먹는 청소년들이 많습니다. 특히 요즘에는 전자레인지로 간편하게 조리할 수 있는 간편식들의 종류가 과거와는 비교할 수 없을 만큼 매우 다양하게 출시되어 있어 취향에 맞게 골라 먹는 재미가 남다릅니다.

비단 간편식 조리뿐만 아니라 행주나 수건을 말리거나 살균을 할 때, 심지어 마늘처럼 껍질을 벗기기 성가신 야채들을 손질할 때도 사용하는 등 전자레인지는 어느덧 우리 생활에 없어서는 안 될 편리한 가전제품으로 자리를 잡았습니다. 전자레인지에 음식을 넣고 시간 설정만 하면 뚝딱하고 따뜻하게 음식이 데워지거나 간편식의 경우 먹음직스럽게 조리되니 너무나 편리합니다.

전자레인지는 어떻게 음식을 따뜻하게 데우는 걸까?

전자레인지는 전자기파의 파장을 이용하여 조리합니다. 파장이란 파의 길이를 나타내는데, 파동이 갖는 에너지는 파의 길이와 진동수에 영향을 받습니다. 파장이 짧을수록, 또 진동수가 커질수록 그 파가 가지는 에너지는 큰 반면, 파장이 길어지게 될수록 에너지는 작아지고, 진동수 또한 작습니다. 보통 파장에 따라 전자기파를 나눌 때, 파장이 짧은 순으로 하면 감마선, 엑스선, 자외선, 가시광선, 적외선, 마이크로파, 라디오파로 나누어지니 에너지의 크기 또한 자연스럽게 알 수 있을 것입니다. 전자레인지는 여러 전자기파 중에 마이크로파(micro wave)라고 하는 파장을 이용하고 있죠.

전자기파의 파장 및 진동수의 비교

전자기파	파장	진동수(Hz)
감마선	0.02나노미터 이하	15 EHz 이상
엑스선	0.1~10나노미터	30 EHz~30 PHz
자외선	10~400나노미터	30 PHz~ 750 THz
가시광선	390~750나노미터	770 THz~ 400THz
적외선	750나노미터~1밀리미터	400 THz~300GHz
마이크로파	1밀리미터~1미터	300 GHz~ 300 MHz
라디오파	1미터~100,000킬로미터	300 MHz~ 3Hz

전자레인지에서 사용하는 전자기파인 마이크로파는 마이크로
2.45GHz[12]인데, 2.45GHz란 1초 동안 약 24억5000만 번을 진동한다
는 의미입니다. 우리가 먹는 음식물들 속에는 수분, 과학적으로 '물
(H_2O)'이 많이 포함되어 있습니다. 그럼 여기서 물에 대해서도 좀 더
자세히 들여다볼까요? 물분자, 즉 H_2O는 수소 2개와 산소 1개를 가
지고 있는 분자입니다. 분자량은 18이고, 물분자 안의 수소원자는
부분적으로 플러스(+)전하를 띠고, 산소원자는 부분적으로 마이너
스(-)전하를 띠고 있습니다. 좀 더 자세히 말하자면 수소가 가지고
있는 전자 1개와 산소가 가지고 있는 전자 1개를 같이 공유해서 나
누어 가지면서 정확히 나눠 공유하는 것이 아닌 전기음성도라고 불
리는 전자를 끌어당기는 정도가 산소가 더 세기 때문에 전자가 산소
쪽으로 좀 더 치우쳐 부분적으로 마이너스(-)전하를 가지게 되고,
수소는 부분적으로 플러스(+)전하를 가지게 됩니다. 수소원자와 산
소원자 사이의 결합이 부분적으로 더 많이 끌어당기는 부분이 있는
것이고 조금 덜 끌어당기는 부분이 있어서 결합에서도 극성이 생기
지만, 물분자의 구조 또한 힘이 상쇄되지 않는 극성을 띠고 있죠. 즉
물은 산소원자 1개와 수소원자 2개의 결합이 구조적으로도 극성을
띠기 때문에 이런 성질의 물을 강한 전기장 속에 넣으면 물분자들은
전기장과 나란해지려는 방향으로 회전하게 됩니다.

....
12. 헤르츠(Hz)란 1초간 진동한 회수를 말하는데, 여기에서 말하는 기가헤르츠(GHz)는 1초간
    10억 번 떠는 진동수로, 1헤르츠의 10억 배이다. 참고로 엑사헤르츠(EHz)는 1초간 10^{18}번
    을 의미

전자레인지의 스위치를 누르면 마그네트론(magnetron)[13]에서 마이크로파를 만들어내어 전자레인지 용기 내부로 보내게 되면 벽에 반사하여 식품에 흡수가 됩니다. 바로 이 마그네트론을 이용하여 생성한 마이크로파가 1초에 무려 24억5천만 번 진동하는데, 물은 마이크로파의 진동에 맞춰 아주 심하게 요동치며 회전하고 주위 다른 물질들과 충돌(마찰)을 하면서 빠르게 식품을 가열하죠. 이렇게 전자레인지는 전기장 속에 음식을 넣어 데우는 유전가열 방식으로 조리하는 것입니다. 다른 물질에 비해 진동 효율이 높기 때문에 물분자의 회전 고유 진동수를 이용하여 그에 해당하는 파를 쏘아주는 방법을 적용한 거죠. 그렇다면 물분자의 고유진동수는 얼마일까요? 아마 벌써 짐작했겠지만, 바로 전자레인지에 사용하는 진동수에 해당하는 2.45GHz입니다. 또한 이 주파수는 통신에 이용되지 않으면서도 물분자의 고유 회전진동수와 같아서 물을 가열하는 데 효율적입니다.

혹시 전자레인지 내부를 살펴본 적이 있나요? 전자레인지의 내부를 살펴보면 금속으로 이루어져 있습니다. 이는 마이크로파가 금속을 투과하지 못하고 반사되는 성질에 착안한 것입니다. 전자레인지 안에서 다회전판이 회전하면서 내부 벽에서 튕겨 나간 마이크로파는 전용그릇이나 종이 등을 통과하여 음식의 구석구석으로 골고루 마이크로파를 쏘이게 됩니다. 그러면 음식물 속에 존재

---

13. 운동 전자에 대한 자기장의 작용을 이용한 초고주파 대출력 발진용의 마이크로파관을 말한다.

하던 물분자는 마이크로파를 흡수하여 격렬하게 회전운동을 하면서 온도가 올라가죠. 간단히 정리하면 전자레인지는 여러 종류의 파(波) 중에서 마이크로파를 이용하여 이를 기기 내부 벽에서 사정없이 튕겨내 재료 안의 물분자(H_2O)를 자극해 음식을 데우는 원리로 만들어진 제품입니다.

물분자를 회전시켜라!

고체 상태, 즉 얼음 상태의 물분자들은 방향과 위치가 고정되어 있는 반면에 액체 상태의 물분자들은 방향이 제멋대로이고 유동적입니다. 따라서 물을 강한 전기장 속에 넣으면 물분자들은 전기장과 나란해지려는 방향으로 회전하게 되죠. 물분자가 회전할 때 다른 물분자와 충돌하게 되는데, 바로 이 충돌에 의하여 물분자의 회전과 충돌에 의한 마찰에너지와 운동에너지가 열에너지로 바뀌는 것입니다. 전자레인지는 마그네트론을 사용해서 빠른 속도로 전기장의 방향을 바꾸는데, 1초에 무려 24억5천만 번이나 전기장의 방향이 바뀌게 됩니다. 그 안에서 물이 진동과 회전을 하며 마찰을 만들어 열을 내면서 빠르게 음식을 가열하는 거죠. 용기에 작용하지 않고 직접 음식 안으로 파장이 침투한다는 것과 음식물 속의 수분을 공략한다는 것이 주요한 특징입니다. 이렇게 음식을 데우는 것을 유전가열 방식이라고 합니다. 이러한 원리로 전자레인지는 조리기

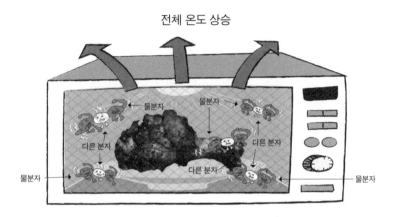

전체 온도 상승

물분자 물분자 다른 분자 다른 분자 다른 분자 물분자 물분자

전자레인지의 전자파가 음식을 익히는 원리

전자레인지 안에서 마그네트론이 빠른 속도로 전기장의 방향을 바꾸면 물이 회전진동을 하면서과 그 마찰로 열이 발생하여 음식이 익게 되는 것입니다.

구를 직접 가열하지 않고 삼각 김밥, 즉석 밥, 국, 핫도그 등을 간편하게 데워 먹을 수 있는 것입니다.

전기장의 방향이 1초에 10억 번에서 많게는 300억 번까지 바뀌는 전자기파를 통틀어 마이크로파(극초단파)라고 부르는데, 사실 이 마이크로파는 전자레인지뿐만 아니라 통신이나 텔레비전 방송 등에도 이용되고 있습니다. 그래서 통신에 이용되는 전자기파와의 간섭을 피하기 위해서 요리용 전자레인지에서는 정해진 진동수의 마이크로파만 사용하도록 정하고 있죠.

간혹 전자레인지를 작동시키는 동안 그 앞에서 회전하며 데워지는 음식을 빤히 지켜보며 기다리는 경우도 있습니다. 아마도 이럴 때면 전자레인지 가까이에 서 있지 말라는 잔소리를 들어보았을 것입니다. 우리 몸은 70% 이상이 물로 이루어져 있어 혹시라도 전자레인지의 전자기파가 유리를 투과해서 나오기라도 한다면 위험해질 수 있기 때문이겠지요. 하지만 그리 걱정할 필요는 없답니다. 전자레인지의 문을 이루는 유리를 자세히 보면 마치 그물처럼 검은색의 작은 구멍이 나 있는 금속망이 덮인 것을 볼 수 있습니다. 바로이 1~2mm의 작은 구멍이 전자레인지 밖으로 전자기파가 통과하지 못하고 반사할 수 있게 만들어놓은 일종의 안전장치입니다. 전자레인지 문에 동글동글한 구멍무늬는 단순한 디자인이 아닌 극초단파를 막아주는 방패 역할을 하는 셈입니다.

전자레인지에 포일로 싼 김밥을 넣으면 어떻게 될까?

앞서도 설명했지만, 전자레인지의 전자기파는 음식을 담은 그릇을 데우는 것이 아니라 음식물 자체의 수분을 공략하는 방식입니다. 따라서 전자레인지에서 음식을 익히기 위해서는 반드시 음식물 안으로 전자파가 침투해야만 하겠죠? 그렇기 때문에 김밥○○ 같은 곳에서 포일에 돌돌 말아준 김밥을 그대로 전자레인지에 넣으면 절대 안 되는 것입니다. 왜냐하면 마이크로파는 금속인 포일을 뚫지 못하고 튕겨 나가기 때문이죠. 즉 전자레인지의 마이크로파는 유리, 도자기, 플라스틱 같은 용기 등을 뚫고 통과한 채, 식품 속의 작은 분자, 특히 물에 흡수됨으로써 선택적으로 가열됩니다. 모든 음식물에는 수분이 있기 때문에 마이크로파에 의한 조리가 가능하죠. 하지만 금속 그릇에 담으면 마치 거울처럼 마이크로파를 반사해버리고 맙니다. 그 결과 음식물에 마이크로파가 도달하지 못해 조리가 될 수 없는 것입니다.

예컨대 은박지나 고급 찻잔의 금속 테두리, 감기약의 금속 뚜껑 같은 금속 종류에는 마이크로파가 반사되어 빛이 납니다. 금속포일의 경우도 마찬가지로 마이크로파를 반사시켜 내용물이 가열될 수 없죠. 그런데 조리가 안 되는 것뿐만 아니라 더 큰 문제는 전자레인지의 안쪽 또한 금속으로 되어 있다 보니 금속 포장용기에서 튕겨 나간 두 파장이 서로 간섭되면서 에너지가 집중되어 스파크, 즉 불꽃이 일어날 수가 있습니다. 심지어 포일의 구겨진 부분이나 뾰족한 부분 등에 전자파의 에너지가 밀집되면 매우 위험합니다. 유튜브에 돌아다니는 영상들 중에는 포일을 일부러 구깃구깃 구겨서 전자레인지에 넣고 돌린 실험들이 올라와 있는데, 불이 나거나 스파크가 튀는 것을 볼 수 있죠. 실험영상을 보고 있으면 불쑥 따라해 보고 싶은 충동이 일어날 수도 있지만, 자칫 큰 사고로 이어질 수 있어 위험하므로 제발 참아주세요. 뭐니 뭐니 해도 안전이 제일입니다!

07

"코로나 비켜~!" 바이러스를 거르는 마스크의 비밀

미세먼지에 의한 공기오염에 더해 코로나 19의 대유행으로 이제 마스크는 생활필수품이 되었습니다. 지금은 마스크 공급이 안정적으로 이루어지고 있지만, 감염자 수가 폭발적으로 증가했던 유행 초기에는 마스크 수급 부족으로 인해 한바탕 난리가 나기도 했죠. 해외에서는 마스크를 구하지 못해 비닐봉투나 자몽처럼 커다란 과일 껍질로 마스크를 만들어 쓰고 다니는 사람들의 모습이 소개되기도 했습니다. 그 모습이 좀 우스꽝스럽게 보이기도 했지만, 오죽하면 저런 궁여지책까지 냈을까 싶어 마냥 웃을 수만도 없었습니다.

우리가 사용하는 일회용 마스크는 폴리프로필렌(PP/polypropylene)이라는 소재로 만들어집니다. 폴리프로필렌이란 열가소성 수지[14]로 열을 가해 성형할 수 있는 고분자물질인데, 이것을 고온과 고압의 바람을 이용해서 균일하게 방사하여 마치 엿가락처럼 가늘게 늘어뜨린 후 아주 작은 구멍이 뚫린 노즐을 통해 실처럼 나온 것에 두 개의 롤러 사이를 눌러 부직포 형태로 차곡차곡 쌓아서 만든 것이 MB(Melt Blown) 필터입니다. 이 필터를 고전압에 노출시키면 섬유의 표면에 정전기가 형성되어 정전필터의 역할을 하게 됩니다. 이 MB 필터는 마스크뿐만 아니라 앞서 이야기한 공기청정기에도 사용이 되고 있죠.

일반 마스크와 황사마스크의 가장 큰 차이는 입자차단 성능입니다. 일반 마스크는 섬유 조직으로만 구성되어 있어 황사는 물론 미세먼지 차단이 잘 되지 않습니다. 미세먼지의 크기가 워낙 작아서 필터의 섬유조직 사이를 쉽게 통과해버리기 때문입니다.

혹시 주방에서 '채'라는 것을 이용해본 적이 있나요? 이것은 입자의 크기 차이를 이용하여 큰 것과 작은 것을 분리해줍니다. 채의 입자보다 작은 입자는 통과를 시켜주고, 채의 입자보다 큰 입자는 걸러지는 원리이죠. 이와 마찬가지로 마스크도 필터의 촘촘함에 따라 걸러지고, 통과되는 비율이 각각 다른 것입니다. 마스크의 종류에 따라 필터나 걸러주는 층의 수가 다르지만, 미세먼지 마스크의 경우는 보통 그림(61쪽 참조)과 같은 구조를 가집니다.

오른쪽 그림에서 보는 것처럼 마스크 필터의 구조는 외피, 1차 필터, 정전필터, 내피 순으로 되어 있습니다. 외피는 가장 외부에 있는 막으로 1차로 공기 중에 섞여 있는 여러 커다란 입자나 미세

....
14. 열을 가하여 성형한 뒤에도 다시 열을 가하면 형태를 변형시킬 수 있는 수지를 말함.

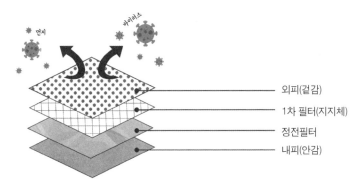

마스크 필터 속에 숨어 있는 과학 원리
그저 천으로 코와 입을 가려주는 물건으로 인식할 수도 있지만, 마스크 필터는 단계적으로 바이러스와 먼지를 걸러내는 매우 과학적인 구조로 이루어져 있다. 그중 핵심은 바로 정전필터이다.

먼지를 걸러줍니다. 그리고 1차 필터는 빳빳하게 모양을 잡아주는 역할을 하죠. 정전필터는 정전기를 이용하여 실질적으로 1차 필터를 통해 유입된 외피입자보다 작은 미세먼지를 잡아줍니다. 우리 피부와 직접 닿는 면인 내피의 경우 피부자극을 테스트하여 자극이 적은 소재를 주로 사용하죠.

소위 '보건용 마스크'와 '황사 마스크'라 불리는 마스크들의 섬유 조직은 일반 마스크에 비해 훨씬 촘촘하기 때문에 미세먼지를 걸러내는 것입니다. 하지만 무작정 촘촘한 조직으로 마스크를 만들 순 없습니다. 마스크가 촘촘할수록 호흡하기에는 부담스러워지니까요. 호흡에 큰 무리가 없도록 하는 것도 걸러내는 기능만큼이나 중요합니다. 섬유조직을 촘촘하게 할수록 우리가 호흡할 때 안면부의 흡기저항이 커지기 때문에 오래 사용하려면 무리가 올 수밖에 없습

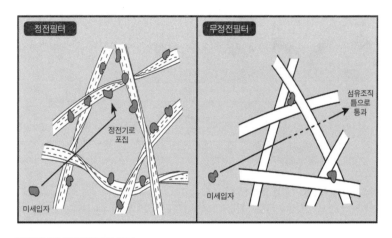

정전필터와 무정전필터의 비교
정전필터는 공기 중 먼지 입자의 전하를 이용하여 필터에 강제로 달라붙게 하는 정전기 원리로 입자들이 우리의 입이나 코로 들어오는 것을 차단한다. 이와 달리 무 정전필터는 섬유 속 틈으로 미세입자가 통과할 수 있다.

니다. 여기에서 정전필터가 위력을 발휘합니다(위 그림 참조). 촘촘함으로만 승부하자면 흡기저항이 커질 수밖에 없지만, 정전필터를 넣으면 호흡에 무리가 없는 적절한 촘촘함을 유지하면서도 효과적으로 먼지나 외부 불순물을 거를 수 있기 때문이죠.

필터는 어떤 원리로 바이러스 같은 유해한 입자들을 걸러낼까?

미세먼지 마스크 원리의 핵심은 정전기입니다. 일반 필터도 촘촘하게 만들면 어느 정도 먼지를 걸러줄 수 있지만, 정전필터를 넣으면 정전기의 원리까지 추가하여 공기 중의 먼지가 부분적으로 가지고 있는 전하를 이용하여 훨씬 효과적으로 입자들을 걸러낼 수 있습니다. 즉 정전필터를 이용하여 전하들의 **쿨롱힘**(Coulomb's law)[15]을 이용하여 붙게 만드는 원리입니다. 먼지 안의 부분적 양(+)이온은 정전필터의 마이너스(-)에 달라붙고, 부분적 음이온은 정전필터의 플러스(+)에 강제로 달라붙게 되어 호흡기 안으로 미세먼지가 들어오지 못하도록 포집하는 것입니다.

아마 눅눅하고 습한 여름보다는 건조한 겨울철에 정전기가 일어난 경험이 많을 것입니다. 이처럼 겨울에 정전기가 많이 나타나는 이유는 바로 겨울철 우리나라에 영향을 주는 시베리아 기단의 차갑고 건조한 공기 때문이죠. 바꿔 말하면 정전기는 습기에 매우 약하다는 뜻입니다.

마스크를 매일 써야 하다 보니 일회용 마스크를 한 번 쓰고 버리기가 아까워서 빨아서 다시 쓰면 어떨까 생각하는 사람도 있었겠지만, 정전필터가 들어간 보건용 마스크나 황사 마스크는 물에 빨면 차단 기능을 잃게 됩니다. 또한 일단 한번 사용한 마스크는 차단 기능이 처음보다 낮아질 수밖에 없다는 점도 잘 알고 사용해야 합니다. 이제 왜 일회용 마스크를 빨아 쓰면 안 되는지, 또 침으로 얼룩진 눅눅한 마스크를 재사용할 수 없는지 이해할 수 있겠죠?

....
15. 1785년 프랑스의 물리학자인 쿨롱이 발견한 법칙. 전하를 가진 두 물체 사이에 작용하는 힘의 크기는 두 전하의 곱에 비례하고 거리의 제곱에 반비례한다. 같은 극성의 전하는 서로 미는 척력을, 다른 극성의 전하는 서로 잡아당기는 인력이 작용한다.

여기서 잠깐 ㅣ 마스크 앞 숫자의 비밀

보건용 마스크를 구매하면 포장지에 소위 KF94, KF80이라고 적힌 숫자를 보았을 것이다. 이 숫자는 얼마나 작은 입자의 크기를 몇 %나 걸러줄 수 있는지를 나타낸 일종의 지수이다. 숫자가 커질수록 차단율이 높아지는 식이다. 코로나 바이러스가 한창 창궐한 때에는 KF 인증을 받은 KF94 마스크를 권장하였다.

우리나라는 보건용 마스크라고 하여 '입자성 유해물질' 또는 '감염원'으로부터 호흡기를 보호할 목적으로 만들어진 보건용 마스크에 대한 관리기준을 정하고 있다. 숫자 앞의 KF는 'Korea Filter'의 약자이다. 이는 대한민국 정부가 미세먼지 차단 기능이 있다는 것을 공인했다는 뜻이다. KF94라는 의미는 평균 입자크기 0.4 μm를 94% 이상 차단한다는 것이다. 차단입자의 크기와 차단율에 따라 KF80, KF94 그리고 KF99로 나뉘어진다. 숫자가 커질수록 더 작은 크기의 입자를 더 많이 걸러주어 차단시키는 것으로 우리가 마스크를 착용했을 때 숫자가 크면 클수록 호흡이 편하지 않다는 것을 느낄 것이다.

다음의 표를(65쪽 참조) 보면 단순히 차단율뿐만 아니라 착용했을 때 틈새로 공기가 새는 안면부 누설률과 들숨 때 마스크에 걸리는 압력에 해당하는 안면부 흡기저항 등에 관한 관리기준도 마련되어 있음을 알 수 있다. 안면부 흡기저항이 크다면 숨을 쉴 때 들숨 시 마스크에 걸리는 압력이 커지므로 숨쉬기가 불편하다는 뜻이다. 코로나 19로 마스크 착용이 일상화된 요즘, 운동처럼 호흡량이 많을 때나 하루 종일 장시간 착용해야 하는 경우는 호흡하기 편한 쪽을 사용하는 것을 추천한다. 호흡을 잘 하지 못해 우리 몸에 필요한 산소를 충분히 공급받지 못한다면 그보다 더 위험한 일은 없기 때문이다. 하지만 먼지나 바이러스 우려가 큰 곳에서는 안면부 누설률이 적고 흡기저항은 큰 것을 이용해야 우리의 몸을 안전하게 보호할 수 있다. 다시 말해 우리의 활동 상황에 맞게 마스크를 선택한다면 좀 더 효과적이고 효율적으로 사용할 수 있을 것이다.

우리나라의 보건용 마스크 관리기준

구분	분진포집효율 (미세입자를 거르는 비율)	안면부누설률 (착용 시 틈새로 공기가 새는 비율)	안면부 흡기저항 (들숨 시 마스크에 걸리는 압력)
KF80	평균 입자크기 0.6 마이크로미터를 80% 이상 차단	25.0% 이하	60파스칼(Pa) 이하
KF94	평균 입자크기 0.4 마이크로미터를 94% 이상 차단	11.0% 이하	70파스칼(Pa) 이하
KF99	평균 입자크기 0.4 마이크로미터를 99% 이상 차단	5.0% 이하	100파스칼(Pa) 이하

찌릿찌릿, 정전기의 힘으로 움직여라!

마스크에 관해 설명하면서 정전기의 힘으로 먼지를 걸러내는 원리를 설명했습니다. 정전기는 우리가 생각하는 것보다 훨씬 강력한 힘을 가지고 있지요. 주변의 전류 상황에 따라서는 큰 폭발로 이어질 수도 있으니까요. 그래서 정전기와 관련한 간단한 실험을 하나 해볼까 합니다.

※ 주의사항: 정전기는 건조한 날에 잘 일어나요. 비오지 않은 맑은 날 실험해보세요!

준비물

털가죽, 에보나이트 막대(없으면 풍선이나 플라스틱으로 된 젓가락이나 빨대도 가능해요), 먹고 남은 캔음료 빈통

①
털가죽으로 에보나이트 막대를 문지릅니다. 이렇게 문지르면 둘 사이의 마찰이 생겨 털가죽의 전자는 에보나이트 막대에 옮겨지며 털가죽은 플러스(+)를 에보나이트는 마이너스(-)를 띠게 됩니다.

②
이렇게 마이너스(-)로 대전된 에보나이트 막대를 먹고 남은 캔음료에 가까이 가져갑니다. 가까이 가져가면 캔음료는 금속으로 되어 있어 자유롭게 전자들이 이동을 합니다.
에보나이트막대를 가까이 가져가면, 에보나이트가 있는 쪽의 캔쪽에 있던 전자가 반대로가면서 에보나이트에 가깝게 있는 쪽의 캔은 플러스(+)가 되어 에보나이트 쪽으로 끌려가게 됩니다.

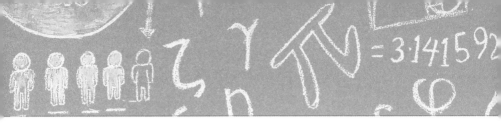

※질문? 끌려오는 캔의 반대쪽에서 에보나이트 막대를 가까이하면 어떻게 될까요? 반대로 밀려날까요? 직접 한번 해봅시다.

응용 1 얇은 비닐을 바닥에 흩어놓고 에보나이트 막대나 풍선을 털가죽으로 마찰시키고 가까이 하면 얇은 비닐이 끌려올라가는 것을 볼 수 있을 거예요.

응용 2 얇은 물줄기에 에보나이트 막대나 털가죽으로 문지른 풍선을 가까이 해보세요. 물줄기가 끌려오는 게 보일 거예요.

"와우, 온 세상이 화학이야!"

현대사회 우리의 일상은 참으로 다채로운 화학반응들로 채워져 있습니다. 학교나 집이 실험실도 아닌데, 이게 무슨 소리인가 싶겠지만, 우리가 매일 사용하는 세제나 샴푸부터 모두 화학의 결정판입니다. 바이러스 감염을 예방하기 위해 하루에도 몇 번씩 사용하는 손세정제도 마찬가지입니다. 땀을 흘린 후에 찾게 되는 이온음료도 화학의 원리를 빼놓을 수 없죠. 순식간에 음식의 감칠맛을 올려주는 조미료도 마찬가지입니다. 화학을 이해하면 세상만사의 구석구석을 한층 새로운 눈으로 바라볼 수 있게 될 것입니다. 어쩌면 밋밋하게만 보였던 일상의 하찮은 것들이 한층 흥미진진하게 느껴질지도 모릅니다. 이 장에서는 우리가 생활 속에서 무심히 지나쳤지만 먹고, 마시고, 쓰고, 느끼는 것들의 다양한 화학작용에 관해서 알아보려고 합니다.

CHAPTER 02

기묘한
과학 이야기

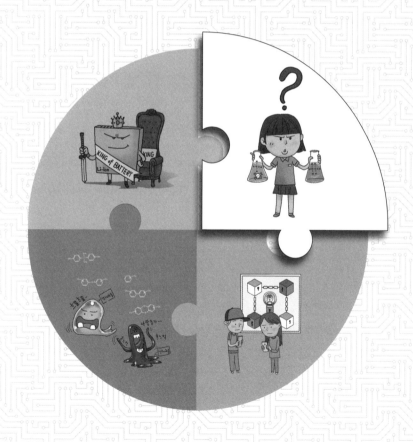

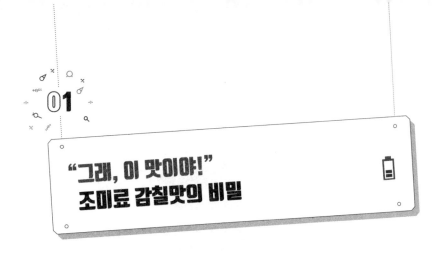

"그래, 이 맛이야!" 조미료 감칠맛의 비밀

필자의 경우 평일에는 가족들이 서로 바쁘다 보니 각자 알아서 끼니를 따로 때우는 때가 많습니다. 하지만 온 가족이 모이는 주말 저녁에는 모처럼 주방에 들어가서 한껏 솜씨를 발휘해보기도 하죠. 요리가 시작되는 시간. 의욕에 넘쳐 신나게 요리를 합니다. 쓱쓱, 보글보글, 치익~ 요란한 소리가 한동안 이어지고, 거의 마무리가 되어간다 싶을 때 아이를 주방으로 불러들입니다.

"지성아, 이거 맛 좀 봐줄래? 자, 아~~~~해봐!"

잔뜩 기대에 차서 아이의 표정을 바라봅니다. 하지만 기대와 달리 맛을 본 아이의 표정이 애매하거나 미간이 찌푸려질 때면 가슴이 철렁합니다.

"읍, 아… 뭐야… 이상하고 별로야…"

"응? 진짜? 어디어디… 엄마가 한번 먹어볼게."

분명 정성을 다해 솜씨를 발휘해보았건만, 간만에 쏟아 부은 시간과 노력이 아쉬울 만큼 요리 맛이 나지 않을 때가 있습니다. '이럴 수가! 진짜 뭔가 희한하게 부족한 맛이네. 이렇다고 이걸 다 버릴 수도 없고…' 결국 오늘도 찬장에서 마법의 가루를 꺼내 작은 스푼으로 조금 떠서 요리에 넣어봅니다. 잠시 후 다시 아이를 불러 맛을 보게 합니다.

"어? 좀 나아진 것 같은데요? 아까보다 맛있어요, 엄마!"

한줌도 안 되는 가루의 힘! 그렇습니다. 바로 MSG라고 불리는 조미료가 부리는 놀라운 마법이죠. 굳이 많이 넣을 필요도 없습니다. 그런데 어떻게 조금만 추가해도 순식간에 감칠맛이 나는 걸까요? 어지간하게 맛이 애매한 음식이라면 대체로 조미료 한 스푼으로 새롭게 태어날 수 있을 정도입니다. 하지만 아무리 맛이 중요하다고 해도 집에서 요리할 때 조미료를 넣으면 어쩐지 사랑하는 가족, 특히 소중한 자녀에게 뭔가 좋지 않은 것을 먹이는 것 같고, 기분 또한 찝찝하다고 이야기하는 어머니들도 많습니다. 그래서 이번 기회에 과연 이 MSG는 어떤 물질인지 그리고 사용해도 괜찮은 것인지 알아보려고 합니다.

우리는 어떻게 맛을 느끼는가?

우리 인간은 5가지 맛을 느끼며 살아갑니다. 단맛, 신맛, 쓴맛, 짠맛 그리고 하나 더 추가해 감칠맛이 있죠. 감칠맛이라는 것은 뭔지 모르게 입에 착 달라붙어 감기는 맛입니다. 우리가 감칠맛이라고 부르는 것은 호불호 없이 대다수의 사람들이 좋아하는 맛을 의미하죠. 즉 단맛도, 매운맛도, 신맛도, 쓴맛도 아니지만 맛있는 맛, 이 맛을 표현하는 데 쓰던 언어입니다.

오래전에 나온 과학책에서는 혀의 구간별로 맛을 느끼는 구간이 각각 다르다고 설명했죠. 하지만 요즘은 혀 전체에서 맛을 느끼되 다만 특정 부분에서 좀 더 민감하게 맛을 느낀다고 나와 있습니다. 맛을 느끼는 감각인 미각은 **미뢰**(Taste bud)라는 것에 의해 감지됩니다. 미뢰는 혀의 표면에 돋아 있는 유두돌기가 들어 있는데, 우리가 혀를 내밀고 거울을 바라보면 보이는 혀의 표면에 있는 수많은 작은 돌기들이 바로 유두돌기(papillae)입니다. 그리고 그 안에 미뢰가 있고, 이 미뢰 안에 맛세포가 들어 있습니다. 즉 미세한 털 같은 돌기물이 혀의 표면으로 열린 작은 구멍을 향해 돋아 있으며, 그 아래에 감각신경세포가 있고, 맛세포를 지나 미신경을 따라 대뇌를 통해 음식의 맛이 전달이 되는 것입니다.

우리가 음식의 감칠맛을 이야기할 때면 으레 MSG 이야기를 하는데, 정확히 말해 이것은 **글루탐산나트륨**(monosodium glutamate)을 이야기하는 것입니다. 사실 요리를 잘하는 비법을 자랑하는 주부들이나

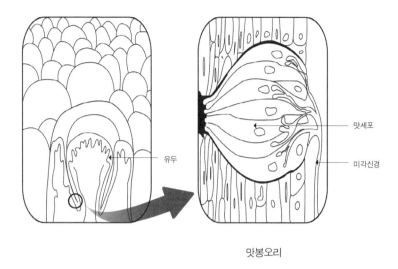

맛봉오리

맛을 느끼는 원리
혀의 표면 돌기 안에는 맛세포가 들어 있습니다. 맛세포가 미신경을 거쳐 대뇌로 들어가면 우리는 '맛'이라는 것을 느끼게 되는 거죠.

요리사들이 텔레비전 또는 유튜브에 나와 소개하는 방법을 자세히 들여다보면 비결은 바로 감칠맛에 있습니다. 즉 어떻게 감칠맛을 배가시키고 증가시키는지가 바로 그들의 비법인 셈입니다. MSG는 특별한 재주가 없는 사람도 소량의 사용만으로 감칠맛을 극대화시켜주는 거죠. MSG의 대명사로 오랫동안 군림해온 것은 1956년에 첫 선을 보인 '미원'이라는 제품입니다. 등장하기 무섭게 미원은 주부들 사이에서 최고의 인기 상품이 되었죠. MSG에 대한 좋지 않은 이야기들이 시중에 돌기 전까지만 해도 요리에 조미료를 첨가하는 것을 크게 거리끼지 않는 분위기였습니다.

마법의 맛내기 가루, MSG의 비밀

먹거리가 풍족할수록 더 맛있는 음식에 대한 인간의 갈망 또한 더욱 높아질 수밖에 없습니다. 여러분은 상상하기 어렵겠지만, 한때 우리도 보릿고개라 불리며 굶주림을 견뎌야 했던 시절이 있었죠. 하지만 전 세계적으로 이루어진 경제개발 및 대량생산과 함께 먹거리가 풍족해지면서 좀 더 맛있는 음식을 만들기 위한 연구가 활발히 이루어졌습니다. 그러면서 입맛을 돋우는 성분으로 주목받기 시작한 것이 방금 전 이야기한 글루탐산나트륨, 즉 MSG인 것입니다.

그렇다면 글루탐산나트륨, 즉 MSG란 정확히 어떤 성분일까요? 이는 'MonoSodium Glutamate'의 약자로 한 개의 글루탐산(Glutamic acid)염과 한 개의 나트륨(Sodium)염이 결합한 것입니다. 우리가 알고 있는 소금은 나트륨이온과 염화이온이 결합한 것입니다. 이처럼 천연 음식물에 많이 들어 있는 글루탐산은 수소이온과 글루탐산음이온(글루타메이트)으로 만들어지는데, 산이기 때문에 수용액 상태에서 수소이온과 글루탐산음이온(글루타메이트)으로 나누어집니다. 그런데 좀 전에 이야기한 MSG도 물에 녹으면 나트륨이온과 글루탐산음이온(글루타메이트)으로 나누어지죠. 결국 글루탐산의 글루타메이트와 MSG의 글루타메이트는 같은 물질입니다.

화학적으로 같은 물질이란 같은 물성과 화학적 성질을 나타내고, 동일하게 작용한다는 것을 의미합니다. 글루탐산은 단백질을 이루는 아미노산(amino acid)의 한 종류로 식품의 풍미를 증진시키기 때문에 식품을 가공하여 만들 때 많이 사용합니다. 특히 감칠맛을 주는 성분은 글루탐산 이외에도 5-이노신산(5-IMP)과 5-구아닐산(5-GMP)이 있는데, 이런 것들도 마찬가지로 여기에 나트륨을 붙여 물에 잘 녹게 만들어 이노신산나트륨, 구아닐산나트륨으로 만들어낸 것을 우리가 조미료로 만들어 사용하는 것입니다.

이노신산나트륨은 소고기와 같은 맛을, 구아닐산나트륨은 버섯과 흡사한 맛을, 석신산나트륨은 해산물 맛을 냅니다. 자연물 중 가쓰오부시[1]와 멸치에 이노신산(IMP)이 많이 들어있으며, 참치나 돼지고기, 닭고기에도 들어 있어 육류의 맛을 내는데, 이노신산과 구아닐산은 글루탐산과 만나면 감칠맛이 한층 더 상승작용을 합니다. 예컨대 글루탐산과 이노신산을 동일비율로 섞으면 감칠맛이 대략 7배나 증가한다고 하며, 글루탐산과 구아닐산을 동일한 비율로 섞으면 무려 30배나 감칠맛이 증가한다고 합니다. 가만히 보면 가정에서 육수를 내는 재료와도 많이 겹친다는 것을 알 수 있습니다.[2]

MSG의 화학구조
MSG는 글루탐산(Glutamic acid)나트륨(Sodium)염이다.

....
1. 가다랑어 살을 저미고 김에 쪄서 건조시켜 곰팡이를 피게 하여 만든 일본의 가공식품
2. 최낙언 · 노중섭, 《아무도 말해주지 않는 감칠맛과 MSG 이야기》, 리북, 2015 참조

아미노산(amino acid)은 생물의 몸을 구성하는 단백질의 기본단위로, 한 분자 내에 염기성을 띤 아미노기와 산성을 띤 카르복시기를 함께 가지고 있는 유기화합물입니다. 아미노산은 크게 우리 몸 안에서는 합성되지 않거나 합성이 어려워 음식물로 섭취해야 하는 필수아미노산과 체내에서 대사적으로 합성이 가능한 비필수아미노산이 있습니다.[3] 즉 아미노산은 우리 몸을 구성하는 단백질을 만드는 것인데, 글루탐산 또한 아미노산의 한 종류이죠.

아미노산들은 각각의 종류마다 본연의 맛을 띱니다. 예컨대 트레오닌, 세린, 글리신, 알라닌 등의 아미노산은 단맛을 내고, 아르기닌, 라이신, 발린, 히스티딘, 프롤린, 페닐알라닌, 트립토판, 류신 등의 경우에는 쓴맛을 냅니다. 그리고 감칠맛을 내는 아미노산이 바로 글루탐산과 아스파트산입니다.[4]

MSG, 즉 글루탐산나트륨은 물에 들어가면 글루탐산 음이온과 나트륨 양이온으로 해리됩니다. 사실상 글루탐산(Glutamic acid)과 같은 물질이며, 이것의 용해도를 높이기 위해 나트륨을 첨가하고, 인공의 발효 과정을 거쳐 만든 것입니다. 여기에서 천연과 인공에 대해 논란이 있을 것인데, 소위 '천연물'이란 사람의 힘으로 추출, 분리, 정제 등의 가공을 하더라도 천연물을 이루는 분자가 화학적

....

3. 성인의 필수아미노산에는 아이소류신, 류신, 라이신, 메티오닌, 페닐알라닌, 트레오닌, 트립토판, 발린 등이 있고, 비필수 아미노산에는 시스테인, 타이로신, 히스티딘, 알라닌, 아스파트산, 글루탐산, 글라이신, 프롤린, 세린 등이 있다.
4. 최낙언·노중섭, 《아무도 말해주지 않는 감칠맛과 MSG 이야기》, 리북, 2015 참조

으로 변화하지 않은 것을 의미합니다. 예를 들어 아무리 천연이 좋다고 해도 달콤한 맛을 보기 위해 사탕수수를 계속 깨물어 먹을 순 없는 일입니다. 현실적으로도 불가능하죠. 단맛을 내는 데 가장 흔히 쓰이는 설탕은 바로 사탕수수를 자르고 착즙하고 정제하여 결정화시켜서 사탕수수의 달콤한 맛을 내는 성분을 그대로 결정으로 분리해낸 것이죠. 따라서 화합물에 있어 '인공'이란 "화학적으로 합성하는 것"으로 이해하면 됩니다.

MSG의 원료인 글루탐산은 어쩐지 우리 몸에 무조건 해로울 거라고 생각하기 쉽지만, 사실 글루탐산처럼 자연에 풍부하게 존재하는 아미노산도 없습니다. 우리가 먹는 음식들에도 들어 있고, 또 우리 몸 안에서도 합성이 됩니다. 그렇다면 글루탐산이 들어 있는 음식에는 어떤 것들이 있는 것일까요? 생각보다 많은 음식물에 글루탐산이 들어 있습니다. 예컨대 우유를 발효해서 만든 요거트, 치즈와 같은 유제품과 육류, 감자, 콩에도 들어 있죠. 다시마 같은 해조류에도 들어 있는데, 다시마로 육수를 내면 100ml당 21~22mg 정도 들어 있다고 합니다. 실제로 글루탐산은 거의 모든 식물에 다량 함유되어 있습니다. 우리가 덜 익은 토마토에 비해 잘 익은 토마토를 더 맛있게 느끼는 이유도 실은 잘 익은 토마토에 글루탐산염이 훨씬 더 많이 들어 있기 때문입니다. 심지어 모유에도 그 성분이 들어 있는데, 모유 100ml에는 글루탐산염이 20mg 가까이 들어 있다고 합니다. 그러니 아기 때 모유를 먹고 성장했다면 그만큼 글루탐산의 풍미에 더 익숙해져 있다고 할 수 있겠죠?

자연 상태에서 식물은 어떻게 글루탐산을 만들어낼까?

탄수화물의 원천인 포도당은 식물이 물과 이산화탄소를 흡수하여 만들어냅니다. 단백질을 만들기 위해서는 질소 성분이 필요한데 공

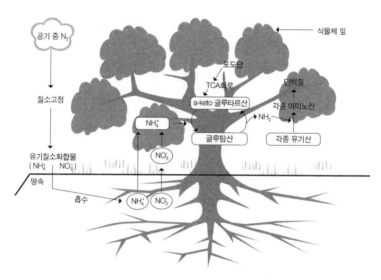

식물이 글루탐산을 단백질로 변화시키는 과정

식물은 뿌리에서 질소를 고정하는 세균을 통해 NH_3(암모니아)를 만들고, 기체인 암모니아는 흙에서 물에 녹아 NH_4^+(암모늄이온)이 된다. 이것은 아질산균의 질산화작용에 의해 NO_3^-(질산이온)이 생성되어 식물에 흡수된다. 이들 이온 중 암모늄이온은 흡수된 후 암모니아가 되어 바로 유기산과 결합하여 아미노산을 합성하지만, 질산이온은 암모늄이온으로 환원된 다음 암모니아가 되어 아미노산 합성에 사용된다. 암모니아는 TCA회로의 중간 산물인 α-케토글루타르산과 결합하여 글루탐산이 된다. 이렇게 생성된 글루탐산은 아미노기 전이 효소(트란스아미나제)의 작용으로 아미노기($-NH_2$)를 잃고 자신은 α-케토글루타르산으로 되며, 이 때 유리되는 아미노기는 여러 유기산에 전달되어 여러 종류의 아미노산이 생성된다. 이런 과정을 통해 만들어진 각종 아미노산은 펩티드 결합으로 연결된다. 여러 개의 펩티드 결합이 서로 연결된 것을 폴리펩티드라고 하는데, 이 폴리펩티드가 더욱 커지면 단백질이 형성되는 것이다.

기 중의 질소는 결합력이 강하고 반응성이 워낙 작아 안정되어 다른 물질과의 반응이 잘 일어나지 않죠. 그래서 질소를 과자봉지나 분유통 등의 충전제로 사용하는 것입니다. 밀봉된 과자봉지가 빵빵한 이유는 바로 봉투 안에 질소가 채워져 있기 때문이죠.

그렇다면 식물은 단백질의 기본인 아미노산을 만들기 위한 질소 성분을 어떤 형태로 가져올까요? 식물은 뿌리에서 질소를 고정하는 생물들을 통해 NO_3나 NH_4^+ 이온 형태로 필요한 질소 성분을 얻고, 이 이온들이 탄소와 수소로 구성된 물질들과 반응하여 아미노산의 일종인 글루탐산이 만들어집니다. 이 글루탐산이 다른 여러

단백질에서 글루탐산 비율

단백질 종류	글루탐산(%)	단백질 종류	글루탐산(%)
쇠고기	15.5	밀(글리아딘)	43.7
우유전지분유	17.8	밀(글루테닌)	35.9
우유카제인	21.5	옥수수(제인)	31.3
모유	17.0	옥수수(글루테닌)	12.9
닭고기	15.9	쌀(오리제닌)	14.5
전란	11.9	콩(글리시닌)	19.5
계란흰자	12.7	땅콩(아라킨)	19.5
돼지고기	15.5	커피	34.8
고등어	15.5	포도	14.1
		토마토	37.0

종류의 아미노산들과 결합되어 단백질이 만들어지는 거죠. 이처럼 식물은 스스로 자연으로부터 흡수한 성분들로 단백질을 만들어냅니다.

그런데 글루탐산은 우리 몸에서도 다양한 생화학적 반응에 사용되는 물질입니다. 보통 단백질의 15% 이상이 글루탐산이고, 밀 단백질에는 40%, 토마토 단백질은 37% 이상이 글루탐산이죠. 우리가 자주 먹는 식품 속에도 다른 아미노산에 비해 글루탐산이 압도적으로 많습니다. 앞선 표에서(79쪽 참조) 정리한 것처럼 우리가 평소에 먹고 마시는 음료에 단백질을 구성하는 아미노산 중 글루탐산의 비율이 이렇게나 많이 들어 있습니다.

단백질은 분자량이 워낙 크기 때문에 우리의 미각수용체에서는 그 맛을 바로 느끼지 못합니다. 잘게 분해되어 아미노산의 형태가 되었을 때 비로소 맛을 느낄 수 있죠. 쉽게 설명하면 우리가 밥을 먹을 때 오래 씹을수록 단맛이 느껴지는 것과 비슷한 원리입니다. 탄수화물이라는 크고 긴 분자를 저작운동을 통해 잘게 부수고 침 속의 아밀라아제에 의해 탄수화물을 엿당인 훨씬 더 작은 분자의 당으로 만들었을 때 단맛을 느낄 수 있는 거죠. 거대 분자가 아닌 작은 분자가 되어야 우리가 맛을 느끼는 맛세포의 G단백질연결수용체(GPCR)[5]에서 감칠맛을 인식할 수 있기 때문입니다. G단백질연결수용체에 감지되려면 0.5나노미터(nm)[6] 이하로 미세한 부분에 결합할 수 있어야 하므로, 충분히 작게 잘리고 나뉘어야 합니다. 그래서 몇 번 대충 씹어서 삼키는 음식물의 대부분에 대해 우리는 그 맛을 온전히 느끼지 못합니다. 왜냐하면 우리가 먹는 음식물의 대부분은 탄수화물, 단백질, 지방 같은 분자량이 큰 상태이기 때문이죠. 우리는 오직 미세한 분자단위의 맛을 느낄 수 있을 뿐입니다.

음식에 감칠맛을 더하는 발효의 원리

이제 우리가 어떻게 맛을 느끼는지 알게 되었을 것입니다. 큰 덩어리 자체로는 맛을 느낄 수 없고, 작은 분자단위로 쪼개져야 맛을 느낄 수 있죠. 그래서 음식물을 굽거나 발효하는 과정을 거치면 풍미가 좋아졌다고 느끼는 것입니다. 왜냐하면 조리나 발효의 과정은 다름 아닌 분자량을 작게 잘게 잘라내어 유리글루탐산의 비율을 높이는 과정이기 때문입니다. 우유를 발효하여 고소한 치즈를 만들고, 콩을 발효하여 음식에 풍미를 더하는 간장을 만들죠. 또한 김치는 갓 담갔을 때보다 익혀서 발효를 시켜야 제맛입니다. 이는 발효가 재료 안의 단백질을 분해시켜 유리글루탐산 형태를 많이 만들어 수용체에서 결합할 수 있게 만들어주기 때문입니다. 유리글루탐산이 많이 만들어질수록 깊고 풍부한 맛, 즉 감칠맛이 더해지는 셈이죠.

하지만 자연 상태에서의 발효 과정은 참으로 긴 시간과 지루한

---

5. G protein-coupled receptor, 다양한 외부 신호물질들을 감지하고 그 신호를 세포 내부로 전달하여 신호전달계를 활성화시키는 역할을 한다.
6. 나노 기호는 n으로 표시된다. 1나노미터는 1미터의 1/10억에 해당된다.

인내가 요구됩니다. 오랜 시간 분해 과정을 거칠수록 감칠맛을 느낄 수 있는 유리글루탐산 형태가 많이 만들어지니까요. 하지만 오래 기다리지 않아도 발효와 비슷하게 감칠맛을 낼 수 있게 만드는 방법이 있습니다. 그것이 바로 물에 잘 녹는 나트륨염을 넣어 만들어낸, 우리가 그렇게 먹어도 괜찮은지 고민했던 MSG입니다. 여기서 나트륨염은 우리가 소금을 물에 녹이면 바로 나오는 그 나트륨이온과 같은 것입니다. 소금의 나트륨이온이나 MSG의 나트륨이온이나 실은 같은 물질로 천연 감칠맛에 가까운 맛을 간편하게 낼 수 있게 만들어진 성분이 바로 MSG입니다.

MSG는 어떻게 대량으로 만들어질까요? 대부분 발효 과정으로 생산되므로 화학조미료라고 하지만, 그렇다고 화학적 합성에 의해 만들어지는 것은 아닙니다. MSG의 주 원료는 원당이나 당밀(설탕을 제조하고 난 부산물)입니다. 이 원료를 깨끗이 정제하고, 혼합한 후 영양액과 혼합하는데, 혼합된 영양액의 주 원료는 원당과 당밀이고, 여기에 물과 칼슘, 칼륨 등의 70여 가지 영양분을 혼합합니다. 이것은 글루탐산을 생산하는 데 먹이가 되는 물질이죠. 이 물질에 글루탐산을 생산하는 미생물을 투입하여 거대한 발효탱크 안에서 적절한 온도와 산소 등을 공급하여 40여 시간 발효시키면 미생물이 영양액을 먹고 글루탐산 등을 배출합니다. 여기서 나온 것을 모액이라고 하는데, 모액을 결정화[7]하여 글루탐산이 결정화되면 글루탐산만을 분리합니다. 이 글루탐산은 이름처럼 산을 띠기 때문에 가성소다를 주입해 중화시키면 산도가 중화되면서 나트륨이온과 결합해 우리가 알고 있는 MSG(MonoSodium Glutamate)가 만들어집니다. 이후 활성탄을 이용하여 탈색 및 탈취 후 건조 및 정제하여 MSG 완제품이 되는 거죠.[8] 이러한 과정을 거쳐 만들어진 것이 바로 가정에서 사용하고 있는 조미료입니다. 자연 상태에서는 오랜 시간과 노력이 들어가야만 특유의 감칠맛을 낼 수 있는 성분들을 단시간에 극대화하여 그 맛을 구현해내는 데 도움을 주는 제품이 조미료인 셈이죠. 물론 나트륨 함량에 대한 주의는 꼭 필요하지만, 무조건 해롭다는 오해는 조금 풀리지 않았나요?

 여기서 잠깐 | MSG의 생산 과정

MSG는 다음과 같은 과정을 거쳐 생산 및 유통된다.

1. 사탕수수와 같은 천연작물로 원료를 삼는다.
2. 원료를 융해, 정제, 살균한 후에 발효 공정을 거쳐서 글루탐산을 생산한다.
3. 냉각 및 pH 조절을 통해 글루탐산을 결정화하여 분리한다.
4. 수산화나트륨 용액을 투입하여 글루탐산을 글루탐산나트륨으로 만든다.
5. 활성탄의 흡착력 등을 이용하여 글루탐산나트륨 용액의 불순물을 제거한다.
6. 용액을 가열하여 글루탐산나트륨을 결정화한다.
7. 글루탐산나트륨 결정을 밀봉장치 안에서 열풍과 냉풍으로 건조한다.
8. 포장 및 이물질 검사를 한다.
9. 검사를 마친 제품을 유통한다.

7. 結晶化 바닷물을 끓여 증발시키면 소금결정이 생기는 것과 비슷한 원리
8. 최낙언, 《불량지식이 내 몸을 망친다》, 지호, 2012 참조

02

"땀을 빼면 살도 같이 빠질까?"
건강한 다이어트의 상식

현대사회는 과거 어느 때보다 외모에 대한 사람들의 관심과 집착이 유별납니다. 인터넷에는 비단 연예인뿐만 아니라 일반인들에 대해서도 얼굴이나 몸매를 적나라하게 평가하는 소위 '얼평', '몸평'들이 난무하죠. 예쁘고 잘생긴 얼굴과 날씬하고 균형 잡힌 몸매는 그 자체로 선망의 대상이 된 지 오래입니다. 그 결과 성형과 다이어트 산업이 유례없이 호황을 누리는 말 그대로 외모지상주의 사회가 되고 말았습니다.

물론 겉모습보다는 내면의 아름다움을 키우는 데 훨씬 더 의미를 두는 사람들도 있을 것입니다. 그럼에도 불구하고 다수가 외모에 집착하고 또 중시하는 시대에 살고 있는 것만은 부인할 수 없는 현실입니다. 특히 군살 없이 날씬한 몸에 대한 집착이 두드러집니다. 여러분도 아마 한번쯤 들어보았을 것입니다.

"최고의 성형은 다이어트다!"

물론 비만이 고혈압, 당뇨 등 현대인의 생활습관병을 야기하는 주요 원인으로 꼽히는 만큼 식단을 조절하고 열심히 땀 흘려 운동을 하면서 건강하게 살을 빼는 것은 건강을 위해서도 여러모로 이로운 일입니다. 하지만 이런 방법은 아무래도 인내심이 요구되는 길고 어려운 과정이죠. 그래서인지 몰라도 개인 SNS나 여러 인터넷 쇼핑몰에서는 암암리에 쉽게 살을 빼준다며 유혹하는 온갖 다이어트 식품과 다이어트 약이 불티나게 팔리고 있습니다. 심지어 그중에는 안전성 검증조차 제대로 거치지 않은 위험한 제품들도 포함되어 있습니다. 또 운동이 아니라 그냥 땀만 많이 배출해서 살을 빼려는 사람들도 일부 있습니다. 예컨대 뜨거운 사우나에서 오랜 시간 버티며 땀을 빼는 식이죠. 그런데 정말 기대한 것처럼 땀만 많이 내면 다이어트에 도움이 될까요?

땀은 땀일 뿐 살이 아니다

다이어트를 계획한 사람들 중 상당수는 식사 조절과 꾸준한 운동보다는 어떻게 하면 좀 더 쉽게 살을 뺄 방법이 없을까 궁리합니다. 그런 사람일수록 바지런히 운동하여 땀을 흘리기보다는 그냥 가만히 앉아서 땀을 빼기 위해 뜨거운 사우나 또는 찜질방을 찾곤 합니다. 그런데 과연 운동을 하고난 후 흘린 땀과 사우나나 찜질방에서 흘린 땀이 같을까요? 결론부터 말하면, 안타깝게도 사우나에서 흘린 땀은 살을 빼는 데 그리 도움이 되지 않습니다. 운동할 때와 사우나에서 땀을 뺄 때는 땀의 배출 과정에 차이가 있기 때문이지요. 그럼 어떤 차이가 있는지 알아볼까요?

생물은 물질대사를 통해 에너지를 만들기도 하고, 반대로 방출하기도 합니다. 사람은 스스로 에너지를 생산할 수가 없기 때문에 살아가는 데 필요한 에너지를 얻기 위해 음식을 섭취합니다. 사람이 하루에 필요한 1일 총 대사량에는 우리가 숨을 쉬고 피가 순환하고 체온을 유지하고 심장이 뛰는 등에 필요한 기초대사량과 움직이고 공부하고 책을 읽고 노는 등의 활동대사량이 모두 포함됩니다.

혈액순환이나 숨쉬기 등 생명을 유지하기 위한 기초대사량은 거의 일정한 수준이기 때문에, 평소보다 활동대사량을 늘리면 하루에 사용하는 에너지 또한 그만큼 커질 수밖에 없습니다. 따라서 사용하는 에너지가 많아질수록 결과적으로 체중이 감소할 거라는 결론은 너무나 당연하죠. 활동대사량을 늘리는 대표적인 방법 중 하나가 바로 운동입니다. 만약 우리가 땀 흘려 운동을 하면 우리 몸에는 어떤 일이 벌어질까요? 운동을 하면 우리 몸 안의 영양분을 산화시켜 그것을 분해하여 열과 에너지를 만들어내고, 바로 그 과정에서 활동대사량이 크게 늘어납니다. 우리가 아무것도 하지 않아도 기본적으로 소비되는 에너지인 기초대사량에 이러한 활동대사량까지 더해짐으로써 결과적으로 우리 몸이 하루에 소모하는 에너지의 양을 한층 크게 만들어주는 거죠.

하지만 그냥 가만히 앉아서 땀을 흘리는 과정은 이와 전혀 다릅니다. 우리 몸은 본래 외부환경 변화에 대응하여 체내의 상태를 일정한 수준으로 유지하려는 경향이 있는데, 이를 항상성이라고 합니다. 특히 체온은 생명을 유지하는 데 있어 중요한 역할을 하는데, 자율신경과 호르몬의 작용으로 사람은 평균 36.5℃의 체온을 유지합니다.[9] 예컨대 만약 우리가 찜질방이나 사우나에 들어가서 급작스런 고온 상황에 노출될 경우 이에 당황한 우리 몸은 항상성을 유지하기 위해 몸에서 생기는 열의 발생을 줄이고 또한 발생한 열을 신속하게 내보내며 열의 발산을 증가시켜서 체온을 유지하려고 하죠. 즉 고온자극이 주어지면 이를 감지하는 간뇌 시상하부에서 열의 발생을 줄이고 발산을 늘리는 방향으로 우리 몸이 반응하게 됩니다. 간뇌의 시상하부에서 뇌하수체를 자극하는 호르몬인 TRH 분비를 감소시키면 이것이 뇌하수체전엽에서 갑상선을 자극하는 호르몬인 TSH도 감소하게 됩니다. TSH가 억제되면 갑상샘에서 나오는 티록신의 분비가 감소합니다. 티록신은 체내의 물질대사에 관여하는데, 이는 이화작용[10]을 촉진하는 물질이죠. 이 티록신이 줄어들면 이화반응 자체가 줄어들기 때문에 세포호흡이 감소하여 열 발생량을 줄이게 됩니다. 이처럼 고온자극이 주어지게 되면 우리 몸에

....
9. 일반적으로 성인의 정상체온 범위는 35.7~37.5℃로 본다.
10. 에너지를 방출하며 복잡한 분자를 단순한 화합물로 분해하는 것을 가리켜 이화작용(catabolism)이라 한다.

서는 열을 만들어내는 메커니즘 자체를 줄여야 하기 때문에 에너지를 만드는 작용을 줄이게 되어 물질대사 또한 억제하게 됩니다. 교감신경의 작용이 약화되면서 입모근이 이완되고, 땀 분비가 증가하며 모세혈관이 확장되어 열의 방출을 증가시키는 방향으로 진행되는 메커니즘으로 우리 몸의 체온을 떨어뜨리는 것입니다. 결국 고온의 찜질방이나 사우나로 살을 뺀다는 것은 과학적으로 근거가 없는 셈이죠. 살을 빼려면 우리 몸속에 저장된 당을 태워야 하는데, 단순히 고온 상황에 노출된 경우에는 앞서 설명한 것처럼 가장 중요한 물질대사에 관여하는 이화작용을 줄여서 몸속에 있는 당을 태우려는 메커니즘을 오히려 저해시키기 때문입니다.

VS

체온 유지를 위해 물질대사에 관여하는 이화작용
저하되어 오히려 당을 태울 수 없는 상태가 됨

탄수화물과 지방이 연료로
사용되면서 연소됨

운동을 할 때와 사우나를 할 때의 우리 몸에서 일어나는 변화
우리는 운동을 하건 사우나를 하건 똑같이 땀을 흘리지만, 운동을 할 때는 체내에 저장된 에너지를 연소시켜 배출하면서 땀이 흐르는 것이고, 사우나처럼 단순히 고온의 환경에 노출된 상태에서는 몸 안의 분해작용을 억제하면서 에너지 소비를 줄임으로써 열을 방출시키는 것이기 때문에 두 가지 메커니즘은 완벽하게 다르다.

그런데 단순히 고온 환경에 노출된 것과 달리 우리가 운동을 하면 몸에 저장되어 있던 영양소인 탄수화물이나 지방을 연료로 태우고 그 과정에서 열이 발생하여 체온이 올라가면 몸이 항상성을 유지하기 위해 몸속의 땀을 배출하면서 체온을 낮추려고 하는 반응을 합니다. 이런 과정에서는 노폐물 등이 땀과 함께 빠져 나가게 되죠. 이렇듯 운동을 할 때 나오는 땀은 체내 영양분의 소모를 통해 나오는 것이기 때문에 그저 체온조절을 위해 나온 땀과 성분은 같을지 몰라도 우리 몸에서 일어나고 있는 반응의 구조 자체가 완전히 다른 셈입니다. 정리하면 운동은 우리 몸의 당을 분해하면서 에너지를 발산하는 과정에서 올라간 체온을 낮추기 위한 땀 배출인 반면, 고온 자극에만 노출된 사우나나 찜질방의 경우는 우리 몸의 이화작용을 억제하면서 에너지 소비를 줄이게 하면서 열을 방출시키는 과정이므로 두 메커니즘은 서로 전혀 다른 것입니다.

땀 흘린 뒤의 갈증 해소가 중요한 이유

사우나처럼 외부 기온을 올려서 땀을 흘리는 경우에는 수분과 무기염류가 배출이 될 뿐이고, 탄수화물과 지방이 연소되지 않기 때문에 다이어트에는 의미가 없다고 봐야겠죠? 게다가 이는 몸의 입장에서 볼 때, 수분 손실만 크기 때문에 탈수에 주의해야 합니다. 따라서 사우나에서는 물을 마셔줌으로써 탈수를 방지해야 하죠. 자칫

무리해서 땀을 빼다가 탈수로 실신할 수도 있으니까요. 사우나에서 아무리 많은 땀을 흘렸다고 해도 흘린 땀의 대부분은 결국 몸속 수분과 체액의 손실로 볼 수 있으므로, 물이나 이온음료로 이를 보충하면 몸무게에는 의미 있는 변화를 기대하기 어렵습니다.

땀은 99%가 물이고, 여기에 소금, 칼륨, 질소함유물, 젖산 등을 함유하고 있기 때문에 땀을 많이 흘린 뒤에는 수분을 채우는 것이 첫 번째입니다. 적당한 양의 땀을 흘린 후라면 물을 마시는 것만으로 우리 몸에서 빠져나간 물과 무기염류들을 충분히 채울 수 있습니다. 하지만 지나치게 많은 양의 땀을 흘려 몸에 필요한 무기염류 손실이 큰 경우에는 이온음료가 도움이 될 수 있습니다. 설탕이나 전해질이 포함되어 있는 이온음료는 체액과 비슷한 삼투압을 가지고 있어 몸에 흡수가 잘 일어나게 해줍니다. 하지만 단순히 적당한 땀 흘림으로 우려되는 탈수 예방을 위해서라면 그냥 물로도 충분합니다. 이온음료를 통해 체액의 손실 부분을 보조적으로 보충할 수는 있으니 땀 흘림 정도를 보면서 적당히 조절해서 마셔주면 됩니다. 더운 날 야외에서 축구와 같은 격렬한 운동을 할 때 우리는 물보다는 이온음료를 준비해서 갑니다. 이는 꽤 많은 양의 땀을 흘릴 것을 알고 있기 때문이죠. 축구나 테니스와 같은 격렬한 운동경기 중계를 보더라도 선수들이 간간이 이온음료로 수분을 보충하는 모습을 볼 수 있습니다.

운동을 하고 땀을 흘린 후든, 사우나에서 땀을 흘린 후든, 갈증이 나기는 마찬가지입니다. 갈증이 심할 때는 시원한 이온음료를 마시면 어쩐지 좀 더 빠르게 갈증이 해소되는 것 같은 느낌을 받는 것도 흡수가 잘 되기 때문이죠. 하지만 우리가 마시는 이온음료에는 이온들만 들어 있는 것이 아니라 소비자들이 좀 더 맛있게 마실 수 있도록 당질도 다량 첨가했기 때문에 많이 마시면 오히려 체중만 증가하기 쉽습니다. 또 때때로 전해질 보충을 한다며 소금을 한줌 입안에 넣고 마시는 사람들을 가끔 보기도 하는데, 만약 심하게 땀을 흘린 사람이 물을 마시기 전에 소금을 먹는다면 소화관 내에 들어

 여기서 잠깐 | 이온음료? 과연 언제부터 먹기 시작했을까?[11]

1965년 미국의 한 교수가 "물에 나트륨 이온(Na^+), 칼륨 이온(K^+)과 함께 포도당을 일정 비율로 넣어 체액과 비슷한 삼투압이 되게 한 음료를 선수들에게 공급하면, 수분의 흡수가 잘 일어나 열사병 방지와 운동 기능의 유지에 효과가 크다"라고 발표했다. 당시로서는 정말 획기적인 아이디어가 아닐 수 없었다. 이를 기초로 마침내 1967년 미국에서 '게토레이'가 상품화되면서 이온음료의 역사가 시작되었다.

운동 중 수분과 전해질을 보충해주는 이온음료의 탄생!
이온음료는 운동이나 노동 등으로 인해 체내에서 빠져나간 수분과 전해질을 보충해주는 기능성 음료로 스포츠 드링크 또는 스포츠 음료라고도 부른다. 운동 중에 수분과 전해질을 보충해주면 그렇지 않은 경우보다 운동을 더 오래 계속할 수 있다.

11. 신학수·이복영·구자옥·백승용·김창호 외, 《상위 5%로 가는 화학교실1》, 스콜라, 2008
    내용 참조

간 소금이 우리 인체보다 농도가 진하기 때문에 이로 인한 삼투현상이 일어나 체조직에 있는 수분을 더 빼냄으로써 탈수가 더욱 심해질 수 있으므로 주의가 필요합니다.

땀은 우리 몸이 정상적인 기능을 유지하게 하고 체온을 일정하게 유지하는 데 중요한 역할을 합니다. 그런데 땀을 과하게 흘리면 우리 몸에 꼭 필요한 물과 염화나트륨 등의 무기물과 이온들이 몸 밖으로 빠져나가기 때문에 꼭 보충해주는 것이 좋습니다. 만약 다이어트를 위해 단 한 방울의 땀이라도 더 흘리려고 찜질방의 열기를 꾹꾹 참아냈다면 참으로 쓸데없는 짓을 해온 셈입니다. 세상에 공짜는 없는 법. 진정 건강한 다이어트를 원한다면 꾸준한 운동과 식이요법만이 정도(正道)가 아닐까요?

03

"커피는 안 되고, 녹차는 괜찮고?!" 카페인의 수상한 메커니즘

우리나라 사람들이 커피전문점에서 가장 많이 주문하는 음료는 아마도 '아메리카노'일 것입니다. 커피전문점에서 주문하는 사람들을 보면 거의 대부분이 '아아' 또는 '뜨아'를 주문하죠. 여기서 '아아'는 아이스 아메리카노, '뜨아'는 뜨거운 아메리카노를 가리킵니다. 요즘 사람 치고 아마 이 단어를 모르지는 않을 것입니다. 밥은 대충 때워도 커피만큼은 별다방이어야 한다며 남다른 커피부심을 드러내는 사람도 적지 않죠. 혹시 우리나라 1인당 연간 커피 소비량이 얼마나 되는지 알고 있나요? 20세 이상 성인을 기준으로 377잔에 이른다고 하는데,[12] 이는 연간 지속적으로 상승하고 있습니다. 커피에 대한 소비가 높아질수록 함께 주목받는 것이 있습니다. 바로 '카페인'입니다.

....
12. 정열, 〈한국 성인 1인당 연간 커피 377잔 마신다〉, 《연합뉴스》, 2017.05.24. 참조

카페인은 어떻게 졸음을 쫓아낼까?

사람들은 커피를 마시면 각성이 잘 된다거나 집중이 잘 된다고 말하곤 합니다. 바로 커피의 카페인 성분이 이러한 영향을 미치는 거죠. 우리가 공부나 일, 생각이나 고민을 하는 등의 정신활동에 집중하여 피곤한 상태가 되면 뇌에 아데노신(adenosine)이라는 물질이 생성됩니다. 이 아데노신은 우리 몸의 에너지원인 ATP(Adenosine TriPhosphate), 즉 아데노신삼인산의 구성요소이기도 합니다. 그런데 이 물질이 생겨나면 아데노신수용체와 결합하게 되는데, 이러한 결합은 우리의 신경세포 활동을 둔화시키게 되죠. 그 결과 졸음이 오거나 나른함, 노곤함을 느끼게 되는 것입니다. 피곤해진 우리가 휴식을 취하며 잠에 빠져들면 자는 동안에 우리 몸은 혈액 운반량을 늘려서 산소 공급 등을 활발하게 함으로써 에너지를 다시 끌어올리는 것입니다.

그런데 카페인을 마시게 되면 카페인과 아데노신의 구조적 유사함 때문에 아데노신수용체에 아데노신 대신에 카페인이 결합하게 되는 일이 발생합니다. 즉 카페인이 아데노신수용체에 아데노신이 결합하는 것을 방해하는 거죠. 그래서 반짝 각성하는 것 같은 경험을 하게 됩니다. 그런데 여기에 머물지 않습니다. 카페인은 도파민(dopamine)의 분비량도 늘려 우리를 흥분 상태로 만들죠. 도파민은 신경전달물질 중 하나인데, 도파민이 분비되면 다시 도파민수용체에 작용하여 신경세포를 흥분시키게 됩니다. 그래서 커피를 마시면

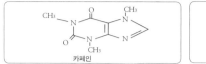 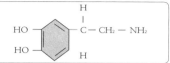

카페인과 도파민의 화학구조

카페인의 분자식은$C_8H_{10}N_4O_2$ 이다. 분자식에서 보는 것처럼 탄소, 수소, 산소, 질소 이렇게 네 가지 원소로 이루어져있고 이것은 탄소 8개 수소10개 질소4개 산소2개가 들어 있다는 뜻입니다. 오른쪽은 도파민의 화학구조이다. 카페인을 섭취하면 도파민의 분비가 늘어나 신경을 흥분 상태로 만든다.

잠이 달아나고, 신경은 흥분 상태에 놓입니다. 즉 긴장을 하게 되죠. 신체 변화에 예민한 사람들은 커피를 마시면 가슴이 두근거린다고 말하기도 합니다.

카페인은 실험실에서 인공적으로 만들 수도 있겠지만, 주로 식물에서 얻습니다. 카페인이 커피나 차, 초콜릿 등 식물 원료로 만들어진 음식물에 많다는 건 잘 알려져 있죠. 카페인은 **알칼로이드**의 일종인데, 알칼로이드란 식물에 들어 있는 유기물질로 질소원자를 포함하는 염기성 물질을 통틀어 부르는 말이니까요.

카페인은 일반적인 음료에도 들어가 있지만, 약물로서 자양강장제에도 활용됩니다. 또한 카페인은 호흡을 촉진시키기 때문에 이 점을 이용하여 무호흡증 치료에도 사용되고 있죠. 심지어 카페인은 통증을 완화시키는 진통제의 효과를 최대 40%까지 증가시키는 것으로 알려져 감기약을 포함한 다양한 일반 의약품에도 사용되고 있습니다.[13]

....

13. http://www.doopedia.co.kr/ 참조

커피 말고 녹차 주세요?!

워낙 커피가 카페인의 대명사처럼 인식되다 보니, 몇몇 사람들은 커피의 카페인을 피하기 위해 녹차를 마신다고도 합니다. 그런데 과연 녹차에는 카페인이 없을까요? 아니죠. 앞에서도 잠깐 언급한 바 있지만 찻잎에도 카페인이 들어 있기 때문에 녹차도 엄연한 카페인 음료입니다. 커피에도 카페인이 있고, 녹차에도 카페인이 들어 있습니다. 그럼에도 커피의 카페인에 대해서는 다양한 경고와 주의의 권고가 따르는 것에 비해 녹차에 대해서는 별로 그런 이야기를 들어본 적이 없을 것입니다. 대체 커피와 녹차의 카페인 반응이 어떻게 다르기에 이런 상반된 반응을 보이는 것일까요?

먼저 커피에 들어 있는 카페인과 녹차에 들어 있는 카페인이 서로 다른 걸까요? 그건 아닙니다. 커피와 녹차에 들어 있는 카페인의 분자식은 $C_8H_{10}N_4O_2$로 완벽히 똑같습니다. 이렇듯 커피와 녹차에 있는 카페인 성분은 같지만, 추출 방법이나 함께 녹아 있는 성분의 차이가 포인트입니다.

커피는 커피콩을 볶아서 가루를 낸 후에 끓는 물에 내려서 마십니다. 한편 녹차는 물을 끓인 후에 한 번 식혀서 70~80℃ 정도의 물에 찻잎을 우려서 마시죠. 여기서 중요한 것이 바로 온도입니다. 카페인의 용해도는 뜨거운 물에서 더 높기 때문입니다. 게다가 녹차는 잎을 통째로 우리는 방식으로 많이 마시는 반면, 커피는 콩을 볶아서 가루로 만들고, 고온과 높은 기압을 이용하여 추출하는 방법이기 때문에 녹차에 비해 카페인이 훨씬 더 많이 용출되죠.

그리고 녹차에는 커피와 달리 다양한 식물성 화학물질이 포함되어 있습니다. 대표적으로 폴리페놀 성분을 꼽을 수 있죠. 폴리페놀이란 '페놀'을 골격으로 구성된 고분자화합물을 가리키는 말입니다. 이 성분은 우리 몸의 활성산소를 무해한 물질로 바꿔주는 항(抗)산화물질 중 하나이기도 합니다. 찻잎에는 다양한 종류의 폴리페놀이 들어 있습니다. 다양한 폴리페놀 중 녹차에는 특히 **카테킨**(catechin) 성분이 풍부하여 항산화 효과가 있다고 이야기하는 것입니다. 이러한 성분은 카페인과 결합하여 체내 흡수를 줄이고 몸 밖으로 쉽게 배출될 수 있게 합니다.

카테킨이라는 성분을 아마 광고 같은 데서 접해보았을지 모르겠군요. 카테킨은 폴리페놀의 일종으로 차에서 가장 많은 양을

페놀과 카테킨의 화학구조식
폴리페놀은 식물성 화학물질을 광범위하게 일컫는 말로, 이중 특히 카테킨은 항산화 효과가 뛰어난 것으로 알려져 있는데, 녹차에 많이 함유되어 있다고 한다.

차지하는 수용성 성분으로 떫은 맛을 냅니다. 이 물질은 카페인 (caffeine)과 결합해, 위장에서 카페인이 빠르게 흡수되는 것을 억제 해주죠. 그런데 녹차에는 카테킨만 들어 있는 것이 아닙니다. 녹차 특유의 떫은맛을 내는 또 다른 성분이 들어 있습니다. 바로 아미노 산의 일종인 테아닌(theanin) 성분이죠. 그런데 이것은 카페인에 의한 뇌의 신경전달물질인 세로토닌의 상승을 억제하는 작용을 하기 때 문에 녹차는 카페인 작용에 의한 초조함이나 흥분 같은 증상이 커 피에 비해 덜 나타나는 것입니다.

그렇다고 카페인이 꼭 나쁘기만 한 것은 아닙니다. 커피는 이뇨 작용을 촉진하여 몸 안에 쌓인 노폐물을 배출하고, 심장근육을 강 화하는 강심제로도 쓰입니다. 또한 위액 분비를 촉진시켜 소화를 돕기도 하죠. 또한 신진대사를 자극하여 뇌의 피로물질을 줄이는 데 도움을 주기도 하고, 알츠하이머성 치매 예방에 도움이 된다는 연구도 일부 있습니다. 그래서 카페인은 각성제, 흥분제, 이뇨제, 편두통, 심장병 등 치료약품에 광범위하게 쓰이고 있답니다.

카페인에 관한 궁금증이 조금은 해결되었나요? 적당량의 카페인 은 이로운 점이 있죠. 아무리 몸에 좋은 약도 과하면 독이 되는 법 입니다. 요즘 청소년 사이에서 고카페인 음료가 인기를 끌고 있다 고 하는데, 적당한 카페인 섭취는 공부하다 지친 상태의 나른한 몸 을 반짝 깨워주며 순간적으로 집중력을 끌어올려줄 수 있지만 과량 섭취할 경우 오히려 집중력 감소, 졸음, 불안감, 짜증으로 이어질 수 있음을 잊지 말았으면 합니다.

여기서 잠깐 ㅣ 카페인의 또 다른 얼굴, 타감물질

식물은 동물처럼 움직여서 공격을 막거나 제압할 수 없는 대신에 다른 생물들의 공격을 받거나, 다른 것들과의 경쟁에서 이기기 위해 스스로를 보호하기 위한 화학물질을 발산한다. 바로 이러한 물질을 통칭하여 **타감(他感 · allelopathy) 물질**이라고 한다. 특히 마늘이나 소나무, 배추, 잔디 등 모든 식물은 타감물질을 내고 있다. 예컨대 우리가 음식에 넣을 때 많이 사용하는 마늘은 통마늘로 있을 때는 괜찮지만, 흠집이 나면 톡 쏘는 향을 낸다. 바로 이것이 마늘이 내는 타감물질이다. 또한 소나무는 뿌리에서 갈로탄닌(gallotannin)이라는 물질을 분비하여 다른 식물이 옆에서 자라지 못하도록 한다. 또한 햇빛을 많이 받기 위해 다른 나무들이 자라지 못하도록 피톤치드와 같은 물질을 뿜어낸다. 피톤치드란 말은 희랍어로 'Phyton'과 'cide'가 합해서 생긴 말이다. 우리가 산림욕을 하며 피톤치드를 찾는데, 사실 이는 타감물질인 것이다. 피톤치드는 식물이 자신의 생존을 어렵게 만드는 병원균이나 해충 그리고 곰팡이 등을 퇴치하려고 내는 물질로 살균, 항암, 마취, 진통, 소염 등의 효과가 있다고 한다. 카페인 또한 알칼로이드(alkaloid)의 일종으로 다른 식물의 발아를 억제하며, 초식 곤충이 커피의 열매나 찻잎을 먹으면 신경이 마비된다. 이는 카페인이 초식 곤충으로부터 스스로를 방어하는 타감물질이기 때문이다.

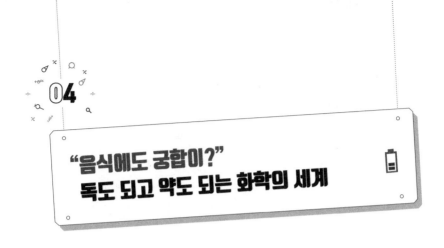

"음식에도 궁합이?" 독도 되고 약도 되는 화학의 세계

식물은 광합성을 통해 스스로 에너지를 합성합니다. 하지만 여러분도 잘 알고 있는 것처럼 우리 인간은 햇빛만으로는 스스로 에너지를 합성할 수 없습니다. 이 말은 곧 외부에서 에너지를 섭취해야만 한다는 뜻이죠. 그렇습니다. 우리 인간은 다른 동물들과 마찬가지로 뭔가를 먹어야만 생명을 유지할 수 있는 존재입니다.

현대사회는 먹거리가 넘쳐납니다. 오히려 버려지는 음식물 쓰레기 때문에 사회문제가 될 정도이니까요. 하지만 우리도 다수가 굶주리던 시절이 있었습니다. 아주 옛날도 아니고 불과 1970~80년대만 해도 음식이 지금처럼 풍족하지는 않았습니다. 음식의 질은 고사하고 부족한 양의 문제로 영양상의 어려움을 겪었던 시절이었죠. 하지만 지금은 오히려 너무 많이 먹는 것 때문에 병이 생겨서 양을 조절해야 하는 상황이 발생하곤 합니다. 그래서 수많은 먹거리 중에서 몸에 좋은 것을 골라서 건강하게 잘 먹고, 잘 사는 법에 대한 관심이 점점 더 높아지고 있습니다.

우리 몸은 매일 화학반응이 일어나는 공장 같다

먹거리가 부족했던 시절이라고 해도 아무 거나 닥치는 대로 먹었던 것은 아닙니다. 따지고 보면 아주 옛날 사람들도 철철이 몸에 좋은 음식을 챙겨먹곤 했습니다. 주로 제철 먹거리를 기반으로 한 것들이었죠. 특히 우리 선조들은 무조건 좋은 음식보다는 **음식궁합**을 중요시했습니다. 음식에 궁합이 있다는 말은 결국 같이 먹으면 이로운 음식과 반대로 해로운 음식이 있다는 것을 의미합니다.

이 세상의 모든 물질은 식품이기도 하지만, 깊이 파고 들어가면 결국 여러 가지 원소로 이루어진 화합물인 셈이죠. 그리고 우리 몸은 그것을 음식물의 형태로 섭취함으로써 매일매일 끊임없이 화학반응이 일어나는 개체입니다. 우리 몸은 마치 거대한 화학반응이 시시각각 일어나는 공장처럼 우리가 먹는 음식물을 원료로 소화기관 내에서 여러 가지 다른 반응들이 활발하게 일어나고 있죠. 우리가 공부하고, 뛰어 놀고, 대화하는 데 필요한 에너지를 얻는 과정 또한 우리가 섭취한 음식물들이 소화 흡수되면서 에너지를 만들어 냈기 때문에 가능한 일입니다. 섭취한 음식물들이 서로 섞이고 분해되어 몸속에 흡수되는 과정에서 여러 가지 화학반응이 일어납니다. 그런데 이 과정에서 우리 몸에 이로운 것들이 만들어지기도 하지만, 때로는 불필요하거나 심지어 몸에 좋지 않은 것들을 만들어 내기도 합니다.

이러한 메커니즘을 좀 더 정확하게 이해하려면 물질과 화학에 대한 깊은 이해가 필요하지만, 이 책에서는 너무 전문적인 내용까지는 다루지 않으려고 합니다. 다만 꼭 화학전문가가 아니라도 이해할 수 있고, 무엇보다 알아두면 쓸모 있는 몇 가지 이야기들이 있어 소개할까 합니다. 그래서 여기에서는 같이 먹어서 좋은 음식과 같이 먹지 않아야 하는 음식들에는 어떤 것들이 있는지를 이유와 함께 살펴보고, 서로 궁합이 맞지 않는 음식의 조합을 피할 수 있게 안내하고자 합니다.

같이 먹으면 독이 되는 음식의 조합!

필자의 어린 시절에 유행했던 '뽀빠이'라는 추억의 만화가 있었습니다. 이 만화 속 주인공은 평소에는 평범한 아저씨이지만, 위기 상황에서 시금치를 먹으면 갑자기 튼튼해지고 근육도 커지며 초인적인 힘이 솟구쳐 악당들을 혼내주는 캐릭터였죠. 그래서인지 만화속 시금치가 마치 우리의 인삼처럼 귀하게 느껴지기도 했고, 엄청난 영양덩어리라는 환상을 심어주었습니다.

실제로 녹황색 채소인 시금치는 비타민과 철분, 식이섬유 등 우리 몸에 꼭 필요한 각종 영양 성분이 풍부하게 함유된 우수한 식재료입니다. 이러한 성분들은 성장기 아이들이나 청소년에게도 꼭 필요하죠. 또한 엽산이나 철분도 풍부합니다. 실제로 철분은 빈혈 예방에 좋고, 엽산은 뇌기능을 개선하여 치매 예방 및 DNA 분열에 관여하여 기형아 출생 위험을 낮춰준다고 합니다. 그래서 시금치는 여성과 임산부, 노인 등 남녀노소 불문하고 모두에게 유익한 식재료로 널리 알려져 있습니다.

그런데 이러한 영양만점의 시금치도 독이 될 때가 있습니다. 예를 들어볼까요? 혹시 부정맥이라는 질환에 대해 들어본 적이 있나요? 부정맥이란 쉽게 말해 맥박이 불규칙적으로 뛰는 것을 말합니다. 부정맥이 있는 사람은 심장기능에 장애가 발생하여 혈전(피떡)이 발생하는 것을 막기 위해 항응고제라는 약물을 복용하여야 하죠. 만약 항응고제를 복용하면서 비타민 K를 함께 먹으면 항응고제의 약효를 감소시키게 되므로 주의해야 합니다. 그런데 시금치는 비타민 K가 다량 함유된 대표적인 채소입니다. 따라서 항응고제를 복용하는 사람이라면 조심하는 것이 좋겠죠?

이 밖에도 비타민 K는 양배추나 상추, 오이, 케일, 순무, 파슬리, 아스파라거스 등의 녹색채소나 완두콩과 청국장. 콩비지 등의 콩류에도 많이 들어 있다고 합니다. 이것들은 분명 영양학적으로는 우수한 먹거리이지만, 항응고제 약품을 복용하는 사람에게는 약물의 효과를 떨어뜨려 기저질환을 악화시킬 위험이 있으므로 1일 식사 시 비타민K의 함량이 일정량 이상이 되지 않도록 해야 합니다.

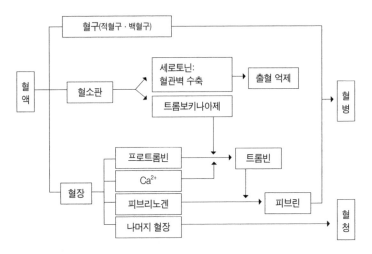

혈액응고의 원리

혈액이 혈관 밖으로 나오게 되면 혈액안의 혈소판이 파괴되어 트롬보플라스틴이 생기고, 트롬보플라스틴은 칼슘이온(Ca^{2+})과 함께 작용하여 프로트롬빈을 트롬빈으로 변화시킨다. 이 트롬빈은 브리노겐에 작용하여 피브린으로 바뀌는데, 이 피브린이 그물 모양으로 얽혀 가며 그 안에 혈구를 가둔다. 혈구의 덩어리를 혈병(血餠)이라 하고, 스며나온 액체를 혈청이라고 한다. 혈액응고는 생명을 유지하는 데 중요하다. 만약 혈액응고가 되지 않으면 우리 몸에 아주 작은 상처만 생겨도 출혈이 멈추지 않아 위험해질 수 있다. 또한 반대로 우리 몸속에서 응고가 된다면 그것 또한 심각한 문제이다. 혈관이 막히기 때문이다. 그래서 우리 몸에는 간에서 합성되는 헤파린이 트롬빈의 생성을 억제하거나, 혈액 내 또는 혈관 내피세포에 존재하는 다양한 항응고 인자들에 의하여 혈액응고를 방지한다.

또한 비타민K는 간에서 프로트롬빈의 생성을 돕습니다. 프로트롬빈은 트롬보플라스틴(트롬보키나아제)에 의해 트롬빈으로 바뀌게 되죠. 트롬빈은 피브리노겐을 가수분해하여 피브린으로 만드는 역할을 합니다. 이 피브린은 불용성 물질로 분자들끼리 결합하여 그물 모양을 형성하고, 혈구를 붙잡는데, 만약 비타민K가 공급되지 않으면 간에서 프로트롬빈이 형성되지 않아 혈액이 응고되지 않습니다. 따라서 필요에 의해 치료 및 예방 목적으로 항응고제를 복용하는 분들, 뇌경색이나, 부정맥, 폐색전증, 심부정맥혈전증, 인공혈관혈전증, 심장 내 혈전증 등의 병이 있으신 분들은 시금치를 먹지않도록 주의가 필요합니다. 또한 항응고제를 복용하는 사람들은 반대로 출혈이 생기면 혈액응고가 더뎌져 출혈이 잘 멈추지 않아 자칫 위험한 상황이 초래될 수 있기 때문에 상처가 생기지 않도록 특히 주의해야 합니다. 수술을 앞두고 병원에서 금지하는 약물이나식품을 보면 혈액응고를 방지하는 성분이 들어간 것이 많습니다. 또한 마늘로 만든 건강기능 식품도 자제할 필요가 있습니다. 마늘또한 혈액응고를 막아주는 성분이 들어 있기 때문이죠.

이 밖에도 시금치와 비타민 K처럼 함께 먹으면 좋지 않은 음식 조합들을 몇 가지 더 소개하면 다음과 같습니다. 먼저 시금치와 두부입니다. 둘 다 따로따로 먹었을 때는 영양적으로 우수한 식품이지만, 함께 먹으면 좋지 않습니다. 왜냐하면 시금치의 옥살산

옥살산이 칼슘을 만날 때
시금치에 풍부한 옥살산이 두부의 칼슘이온과 만나면 오른쪽과 같이 옥살산칼슘으로 변한다. 옥살산칼슘은 신장결석을 일으키는 원인이 된다.

($H_2C_2O_4$)과 두부의 칼슘(Ca^{2+})이 만나면 옥살산칼슘(CaC_2O_4)이라는 것이 만들어지는데 이것은 불용성이라 쉽게 녹지 않아 신장결석과 같은 불필요한 돌을 만들 수 있습니다. 게다가 옥살산 성분이 칼슘과 결합해 돌을 만들어낸다는 것은 칼슘의 영양 성분이 우리 몸에 제대로 흡수되지 못한다는 뜻이므로 함께 먹어서 좋을 것이 전혀 없겠죠? 그래서 시금치를 먹을 때는 두부나 우유처럼 칼슘이 많은 음식은 피하는 것이 좋겠습니다.

우유와 설탕도 별로 좋지 않은 조합입니다. 특히 청소년 중에는 바나나 맛, 딸기 맛, 초코 맛 등과 같이 당이 추가되어 달콤한 맛이 나는 우유를 좋아하는 친구들이 많습니다. 비단 청소년뿐만 아니라 아이부터 어른까지 달콤한 맛 우유는 인기가 높습니다. 하지만 설탕의 당분은 우유 속 비타민B1의 흡수를 방해합니다. 티아민이라고도 불리는 비타민B1은 우리 몸속에서 활성형이 티아민피로인산이라는 형태로 존재합니다. 이는 우리 몸을 구성하고 에너지를 사

티아민의 분자구조
티아민으로 불리는 비타민B1은 효소작용에 도움을 주지만, 설탕처럼 당과 함께 먹을 경우 몸에 흡수되기 전에 당화되기 때문에 피하는 것이 좋다.

용하게 하는 기초 단계에서의 효소작용에도 도움을 주는 중요한 역할을 하죠. 우유에는 비타민B1이 풍부하지만, 설탕과 같이 먹게 되면 비타민B1이 우리 몸에 흡수되는 것을 방해하기 때문에 몸에 필요한 성분을 제대로 흡수하기가 어렵습니다.

어떤가요? 이 밖에도 예로부터 함께 먹으면 좋지 않은 먹거리는 많이 있습니다. 나쁜 궁합의 비밀들을 파헤쳐보면 해답은 결국 음식물 속에 들어 있는 성분들 간에 일어나는 화학반응에 있음을 알 수 있죠. 과거에는 화학에 대한 연구나 지식이 없던 시절이었기 때문에 아마도 먹으면 탈이 나는 식으로 경험적 지식을 통해 습득했을 것입니다. 그럼에도 불구하고 꽤 높은 정확성을 자랑하는 음식궁합의 사례들을 살펴보면 선조들의 지혜가 가히 놀랍기만 합니다.

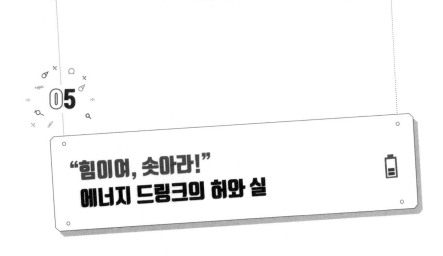

05

"힘이여, 솟아라!" 에너지 드링크의 허와 실

앞서 카페인에 관한 내용에서도 잠깐 이야기를 했습니다만, 청소년들 사이에서 고카페인 음료가 인기입니다. 이름하여 '공부 필수템', '시험기간 필수템'이라고까지 불리며 시험에 임박하여 벼락치기를 할 때면 더욱 인기가 뜨거워지는 에너지 드링크들이 바로 그것입니다. 심지어 야근과 격무에 시달리는 직장인들에게도 에너지 드링크는 인기를 끌고 있습니다. 언젠가부터 우리 생활에 에너지 드링크가 깊숙이 들어온 것입니다.

에너지 드링크의 광고는 대체로 음료를 마시는 순간 에너지가 솟구치는 이미지를 떠올리도록 제작된 것이 많습니다. 나른해진 두뇌 활동을 확 깨우는 것처럼 광고하는 거죠. 그렇다면 실제로 에너지 드링크에 과연 그런 효과가 있을까요? 에너지 드링크의 주요 성분은 바로 카페인과 당질입니다. 고카페인과 고당분이 함유되어 있죠. 앞에서 이미 카페인의 효과에 대해서는 설명한 바 있기 때문에 생략하고, 여기서는 '당'에 관한 설명을 좀 더 해볼까 합니다.

아이고, 당 떨어져…

피곤하거나 머리가 잘 안 돌아갈 때 우리는 흔히 "당 떨어졌다…"는 표현을 쓰곤 합니다. 실제로 두뇌활동에 포도당(glucose)이 에너지로 사용되기는 합니다만, 당을 직접 섭취하지 않아도 단백질이 분해되어 아미노산이 되고, 아미노산은 포도당 합성에 필요한 전구물질이 되어 간에서 포도당으로 합성될 수 있습니다.

물론 당질 그 자체는 전혀 나쁜 것이 아니고, 우리의 신체활동에도 꼭 필요하지만, 문제가 되는 것은 소화기관 내에서 더 이상 간단한 화합물로 분해되지 않는 단당류의 과도한 섭취입니다. 대부분의 탄산 음료나 에너지 음료에 들어 있는 당류는 거의 단당류이죠. 현미나 잡곡류처럼 가수분해를 거치며 오랜 시간 흡수되는 다당류와 달리 단당류는 먹는 즉시 혈액에 흡수되어 급속하게 혈당을 치솟게 합니다. 그러면서 순간적으로 정신이 번쩍 들게 하는 효과를 기대할 순 있죠. 하지만 너무 혈당이 급격하게 치솟으면 반대로 우리 몸속에서는 혈당을 도로 낮추기 위해 인슐린의 분비를 촉진하게 됩니다. 그 결과 혈당이 빠르게 떨어지면서 오히려 피로와 졸음이 몰려오게 됩니다.

그래서 이런 에너지 드링크를 마시면 잠시잠깐 우리 신체가 활력을 찾으며 피로에서 벗어날 순 있습니다. 또 일시적으로는 잠을 쫓는 데 도움을 줄 수도 있죠. 그래서 공부하는 학생들과 늦게까지 집중해서 일해야 하는 사람들에게 인기가 있는 게 사실입니다. 다만 이러한 효과는 어디까지나 일시적일 뿐이고, 오히려 자주 마실 경우 순기능보다는 부작용이 더 많은 것이 사실입니다.

고카페인 음료의 위험한 유혹에 빠지다

세계적으로 셀 수 없이 많은 종류의 에너지 드링크가 나와 있고, 우리나라에도 편의점에 가보면 꽤 많은 종류의 에너지 드링크들이 냉장고 자리를 차지하고 있는 것을 볼 수 있습니다. 그저 원하는 제품을 고르면 그뿐, 구매하는 데 특별한 제한은 없습니다. 하지만 나이 어린 학생들이 아무렇지 않게 이런 음료를 사 마시는 점은 우려하지 않을 수 없습니다. 특히 일부 제품은 포장에 귀여운 그림을 넣어 학생들에게 경각심은커녕 친근함을 느끼도록 접근하고 있죠.

　고카페인 음료에는 당이 많이 함유되어 마시면 일시적으로 에너지를 끌어올리고, 높은 카페인 성분 때문에 반짝 각성효과를 기대할 수 있습니다. 이런 에너지 드링크를 어쩌다 한 번 마시는 것이 건강상 큰 문제를 일으킬 가능성은 비교적 낮은 편입니다. 다만 이런 음료를 습관적으로 자주 마시는 것은 매우 우려하지 않을 수 없

아이고 취한다...

청소년의 고카페인 음료 남용
고카페인 음료에는 높은 함량의 카페인도 문제지만 당분도 다량 함유되어 있다. 또한 탄산음료나 초콜릿 등 간식 등에도 카페인이 함유되어 있어 고카페인 음료를 자주 즐길 경우 하루 권장량 이상을 쉽게 초과하고 만다.

습니다. 실제로 식약처(식품의약품안전처)의 1일 카페인권장량은 성인의 경우 400mg, 임산부는 300mg, 어린이와 청소년은 체중 1kg당 2.5mg 이하로 권고하고 있죠. 에너지 드링크 한 병에는 대략 60~100mg 정도에서 많게는 160mg의 카페인이 들어 있다고 합니다. 권고량에 비하면 낮은 수준이지만, 우리가 에너지 음료 외에도 다른 음식물을 통해 알게 모르게 카페인을 섭취하고 있는 점을 고려해야 합니다. 왜냐하면 초콜릿이나 코코아, 아이스크림, 탄산음료 등에도 카페인이 들어 있으니까요. 수시로 먹은 간식 그리고 햄버거와 함께 먹은 탄산음료에서도 카페인이 들어 있기 때문에 조금만 방심해도 하루 권장량을 초과하기 십상이죠. 심지어 해외에서는 에너지 드링크를 과다 섭취하다가 사망한 소식이 종종 보도되기도 합니다. 실제로 미국식품의약국(FDA)도 에너지 음료 복용과 관련된 사망사례를 조사하기도 했습니다.[14]

한편으론 청소년들 사이에서 에너지 드링크의 인기가 높은 것이 이해가 되기도 합니다. 어릴 때부터 입시 스트레스에 시달리며 피곤함을 당연하게 받아들이면서 공부에 매달려야 하는 청소년들이 고카페인 음료로 잠시잠깐 피로를 달래는 것이 안타까우면서도 측은한 마음이 들기 때문입니다. 하지만 이제부터라도 내가 마시는 음료가 내 몸에 어떤 영향을 주고 있는지 알고, 스스로를 위해서라도 안전한 허용치를 넘지 않도록 주의할 필요가 있습니다. 자기 자신의 몸을 건강하게 유지하는 것은 무엇보다 중요한 일이니까요.

14. 최영철, 〈고카페인? 대부분은 저카페인! 커피보다 함량 적어 적정량은 약〉, 《신동아》, 2013.01.25. 내용 참조

06

"무시무시한 한 끗 차이" 에탄올과 메탄올

먹고, 마시고, 씻고, 뿌리는 등 우리의 소소한 일상생활에서 생각보다 꽤 많은 화학물질이 사용되고 있습니다. 그중 술, 소독약, 알코올램프 등등 우리가 생활 속에서 가장 흔하게 접하고 있는 화학물질 중의 하나가 바로 알코올일 것입니다. 알코올은 탄소의 개수에 따라서 메탄올(CH_3OH)과 에탄올(C_2H_5OH), 프로판올(C_3H_7OH), 부탄올(C_4H_9OH) 등 부르는 명칭이 각각 다릅니다. 특히 많은 사람들이 혼동하여 실제로 매우 위험한 사고로 종종 이어지기도 하는 것이 바로 에탄올과 메탄올입니다. 이 둘은 얼핏 겉으로 보기에는 전혀 구분이 안 되는 투명한 액체이지만, 속을 들여다보면 서로 전혀 다른 물질입니다. 우선 구조적으로 볼 때, 메탄올이 에탄올에 비해 탄소와 수소를 적게 포함하고 있기 때문에 메탄올의 끓는점은 에탄올보다 낮습니다.

메탄올의 돌이킬 수 없는 치명적 독성

가장 흔하게 메탄올을 볼 수 있는 곳은 바로 학교 실험실입니다. 여러분도 사용해본 적이 있는 알코올램프 속에 들어 있는 액체가 바로 메탄올이죠. 또한 메탄올은 화공약품, 용제로도 쓰이는데, 무엇보다 메탄올은 절대 먹으면 안 되는 물질입니다. 이에 비해 에탄올은 보통 술을 만들 때 쓰이기 때문에 사람들이 먹을 수 있는 알코올은 에탄올로 통칭합니다. 실제로 에탄올인 줄 알고 메탄올을 마셨다가 사망에 이르는 사고가 일어나고 있습니다. 이해를 돕기 위해 실제로 일어난 두 가지 사건을 소개하려고 합니다.

> "메탄올 독주사건" 1991년 2월 충북 충주에서 일어난 사고. 의무병으로 군복무를 마치고 갓 제대한 청년이 시내에서 소독용 에탄올을 구입했다. 부친회갑연에서 손님들에게 접대할 술을 마련하기 위해서였다. 그는 시장에서 색소, 감미료, 향료 등을 함께 구입해 집에서 소주를 만들었다. 그런데 잔칫날 이 술을 마신 마을사람들과 친지들이 쓰러졌다. 3명이 사망하고 여러 명이 장기에 큰 손상을 입고 병원에서 치료를 받았다. 남은 술을 조사했더니 화공약품 상점에서 사온 에탄올이 실은 99% 이상 순도의 메탄올이었단 사실이 드러났다. 유통경로를 추적한 결과 서울의 에탄올 도매상이 폭리를 취하기 위해 메탄올을 에탄올로 표시해 판매한 것이었다.[15]

....

15. 정진일, 〈메탄올 잘못 마신 사람 일단 맥주부터 들이켜게〉, 《동아일보》, 2012.05.05

"메탄올 실명사태" 사건이 일어난 건 지난 1월이다. 경기도 부천에서 삼성 전자와 엘지전자에 휴대폰 부품을 납품하는 3차 하청 ㅇ업체와 ㄷ업체 에서 일하던 노동자들이 피해자이다. 20여명의 노동자가 일하는 ㅇ업체 에서 넉 달째 파견 노동자로 일하던 29살의 여성 노동자한테 첫 신호가 찾아왔다. 야간조이던 이 노동자는 1월15일 밤 출근 전 심한 구토 증세로 병원에 들렀다가 공장에 나갔다. 하지만 도저히 일을 할 수 없어 다시 병원에 들른 뒤 공장에 돌아와 근무를 계속했다. 다음날인 16일 오전 8시45 분께 여성 노동자의 시야가 흐려지면서 앞이 보이지 않게 됐다. 낮 동안 잠을 자고 일어나도 차도가 없자 대형병원인 서울 이대목동병원 응급실 을 찾았다. 김현주 직업환경의학과 교수는 직업병을 의심하고 고용노동 부에 신고했다. 고용부가 현장을 조사한 결과 메탄올 급성중독에 의한 사 고라는 사실이 밝혀졌다. 같은 공장에서 일하던 29살 동갑내기 남성 노동 자와 ㄷ업체에서 일하던 25살 남성 노동자도 같은 증상으로 시력을 거의 잃거나 아예 실명한 것으로 드러났다. 모두 파견 노동자였다.[16]

에탄올과 메탄올의 차이는 변환 메커니즘

메탄올이 우리 몸에 들어왔을 때 발휘하는 위력이 생각보다 무시무 시하죠? 그렇다면 같은 알코올인데도 왜 메탄올을 먹으면 위의 사

16. 전종휘, 〈가습기살균제 참사 '판박이'…'메탄올 실명 사태'아시나요?〉, 《한겨레》, 2016.05.11.

례와 같이 사망에 이르거나 실명처럼 돌이키기 어려운 엄청난 결과를 초래하게 되는 걸까요? 그것은 우리 몸속에서 메탄올과 에탄올이 변환되는 메커니즘이 서로 다르기 때문입니다. 에탄올은 몸속에서 산화 과정을 거쳐, 아세트알데히드, 아세트산, 이산화탄소, 물로 분해됩니다. 에탄올이 우리 몸에 들어가게 되면 알코올 탈수효소(Alcohol DeHydrogenase, ADH)에 의해 아세트알데히드로 변환되죠. 그리고 아세트알데히드는 또 알데히드 분해효소(Aldehyde DeHydrogenase, ALDH)에 의해 아세트산이 되고, 아세트산은 산화되어 물과 이산화탄소로 최종적으로 분해됩니다. 아세트알데히드는 숙취를 일으키는 성분으로도 알려져 있습니다. 알데히드 분해효소가 적은 사람일수록 아무래도 술에 약할 수밖에 없죠. 또 아무리 술을 잘 마시는 사람이라도 과음을 하고 나면 아세트알데이드가 제대로 분해되지 않아서 머리가 아프거나 속이 울렁거리는 등의 숙취 증상을 겪게 됩니다. 에탄올은 1차 산화반응에서 아세트알데히드가 되고, 2차 산화반응에서 아세트산이 됩니다.

$$C_2H_5OH \text{ (에탄올)} \xrightarrow[-H_2]{\text{산화}} CH_3CHO \text{ (아세트알데히드)} \xrightarrow[+O]{\text{산화}} CH_3COOH \text{(아세트산)}$$

가정에서 새콤한 음식을 만들 때 주로 넣어먹는 식초에도 아세트산이 5% 정도 함유된 만큼 에탄올은 기본적으로 먹을 수 있는 물질입니다. 술이 아무리 건강에 해롭다고는 해도 주로 장기간에 걸쳐 많은 양을 마시는 경우에 해당되는 것입니다. 물론 아주 예외적인 경우도 있겠지만, 어쩌다 술을 한 모금 마신다고 해서 치명적인 문제를 일으키는 것은 아니라는 뜻입니다. 하지만 메탄올의 경우는 전혀 다릅니다. 단 한 모금의 실수로 돌이킬 수 없는 결과를 초래할 수도 있으니까요. 메탄올(methanol 또는 methyl alcohol)은 화학반응에서는 중요한 용매 및 반응 출발물질로 사용됩니다. 앞서 언급한 것처럼 소량이라도 섭취하면 실명을 초래할 수도 있는 매우 위험한 물질이죠. 메탄올은 에탄올과 달리 1차 산화반응에서 포름알데히드로 바뀌고, 이 포름알데히드가 2차 산화반응에서 포름산에서 바뀌게 됩니다. 포름산은 강한 산으로 산도가 커지게 되면 pH가 낮아지게 되는데, 메탄올의 대사과정에서 포름산으로 바뀌게 되어 혈액의 pH가 낮아져서 위험에 빠지게 되는 것입니다.

$$CH_3OH\ (\text{메탄올}) \xrightarrow[-H_2]{\text{산화}} HCHO(\text{포름알데히드}) \xrightarrow[+O]{\text{산화}} HCOOH(\text{포름산})$$

메탄올이 우리 몸에 들어오면 포름알데히드(formaldehyde)와 포름산(formic acid)을 거쳐 물과 이산화탄소가 됩니다. 그런데 여기에서 생겨나는 포름알데히드와 포름산은 독성이 매우 강한 물질입니다. 메탄올의 산화 과정에서 나오는 포름알데히드를 희석한 것이 유독물질로 알려진 포르말린이죠. 이것은 세균이나 바이러스, 곰팡이 등의 생장을 억제하여 주로 방부용이나 소독·살균용으로 사용됩니다. 또한 극약으로 지정되어 있어 식품에는 사용할 수 없습니다. 인체에 대한 독성이 매우 높아 사람이 기체 상태의 포름알데히드에 노출되면 단백질 응고 작용으로 피부나 점막을 손상시킵니다.

포름산은 가장 간단한 구조를 가진 카르복시산의 일종으로 '개미 산'이라고도 불리며 벌침의 주성분이기도 합니다. 이름에서 짐작할 수 있듯이 개미나 독을 가진 기타 곤충들의 대부분은 포름산을 지니 고 있죠. 벌에 쏘이면 통증을 느끼는 것도 바로 이 포름산 때문입니 다. 이 포름산을 10ml 정도만 마셔도 실명하게 되며, 만약 30ml 정도 마시면 생명에 지장을 줄 수 있습니다. 그렇기 때문에 호기심으로라 도 알코올램프 속 액체를 맛보는 일 따위는 절대 금물입니다!

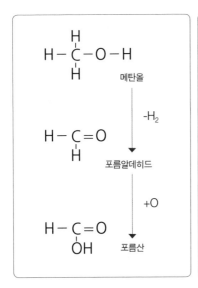

메탄올과 에탄올의 산화반응과 화학식
알코올은 탄소의 개수에 따라 메탄올(CH_3OH) 에탄올(C_2H_5OH) 프로판올(C_3H_7OH) 부탄올 (C_4H_9OH) 등 부르는 명칭이 달라진다. 알코올(R-OH)의 -OH는 히드록시기라고 부르는데, 알 코올의 화학적 특성을 나타내게 하며 '작용기'라고 부른다.

07

"흑연과 다이아몬드의 공통점은?" 동소체의 비밀

흑연과 다이아몬드. 겉모습은 서로 딴판인 두 물질이 있습니다. 이름처럼 까만 흑연은 흔한 학용품인 연필심과 샤프심으로 거의 매일 접하고 있을 것입니다. 힘을 조금만 주어도 쉽게 부스러지거나 부러지죠. 또 흑연은 전기가 통하는 전기전도성도 가지고 있답니다. 한편 다이아몬드는 흑연만큼 자주 접하기는 어렵죠. 흑연과 달리 엄청난 강도와 영롱한 투명함을 자랑합니다. 잘 연마하여 고가의 보석으로 재탄생하여 예물에 사용되거나 각종 장신구에 사용되죠. 간혹 할리우드 슈퍼스타나 유명 래퍼들이 시상식 같은 데 천문학적인 가격의 다이아몬드 장신구를 착용했다고 하는 기사를 접하기도 합니다. 그만큼 흑연과 다이아몬드는 생김새부터 강도, 가격까지 비슷한 구석이라고는 하나도 없어 보입니다. 그런데 이 닮은 점 하나 없는 두 가지 물질 사이에도 공통점이 존재합니다.

같은 성분도 배열에 따라 성질이 달라진다

잘 믿기진 않겠지만 흑연과 다이아몬드의 성분은 똑같습니다. 흑연과 다이아몬드 모두 탄소(C)라는 성분으로 이루어진 것이니까요. 그럼 같은 성분으로 이루어져 있으니 이 두 가지는 같은 물질일까요? 물론 아니죠. 겉모습에서 드러나듯 서로 다른 물질입니다. 다이아몬드와 흑연처럼 같은 원소로 이루어져 있지만 모양과 성질이 서로 다른 물질을 가리켜 **동소체**라고 합니다. 탄소로 이루어진 동소체인 석탄, 흑연, 다이아몬드에 대해 좀 더 알아보도록 합시다.

먼저 흑연은 분자의 모양이 육각형인데, 이것이 여러 개로 이루어진 벌집 모양이 층을 이루고 있습니다. 흑연은 탄소원자 하나당 3개의 탄소와 공유결합을 합니다. 탄소원자는 원자가전자(valence electron)를 4개 가지고 있죠. 그런데 이 탄소가 3개의 탄소와 공유결합을 하면 결합에 참여하지 않은 상태의 전자가 하나 남습니다. 바로 이 결합에 참여하지 않은 전자 때문에 흑연에 전기가 통하는 것입니다. 또한 흑연은 육각형이 여러 개 이어진 벌집 모양을 하나의 층으로 하며, 이런 층이 겹겹이 쌓인 형태로 이루어져 있습니다. 하지만 각 층 간 결합력이 워낙 약하여 각 평면이 쉽게 떨어져 나갑니다. 그만큼 무르기 때문에 여러분이 연필이나 샤프를 쓸 때 큰 힘을 주지 않아도 글씨가 종이에 묻어나는 것입니다.

여러분도 꿈의 신소재라 불리는 그래핀(Graphene)에 대해 한번쯤 들어본 적이 있을 것입니다. 2004년 등장한 신소재로 가볍고 유연하면서도 강철보다 단단하죠. 그래핀이란 흑연에서 연속으로 쌓인 각 층의 판 하나하나를 가리키는데, 고작 원자 한 층의 두께 정도로 상온에서 구리나 실리콘보다 100배 이상 전기전도성이 우수하고, 빛을 98%나 통과시킬 만큼 투명하며, 강도는 강철보다 100배 이상 강합니다. 그래핀은 반도체나 투명하면서도 구부러지는 터치스크린, 방탄복, 전기차 디스플레이 장치, 태양전지판 등 아주 다양한 분야에 응용할 수 있기 때문에 꿈의 소재로 주목을 받고 있습니다.

이 그래핀을 흑연으로부터 분리해낸 영국 맨체스터대학의 안드레 가임(Andre Geim) 교수와 콘스탄틴 노보셀로프(Konstantin Novoselov) 교수는 2010년에 노벨상을 받았죠. 그런데 재미있는 사실이 있습니다. 흑연으로부터 그래핀을 분리하는 방법이 다름 아닌 우리가 평소에 자주 사용하는 '스카치테이프'를 여러 번 흑연에 붙였다 떼어내기를 반복하는 아주 간단한 방법이었다고 합니다.[17] 이렇게 생각하니 노벨상 받기가 아주 쉬운 것 같나요? 역사적으로 볼 때, 하찮은 것을 색다른 시각에서 바라보고 탐구함으로써 위대한 발견으로 이어진 경우를 자주 찾아볼 수 있습니다. 뭐든 그저 당연하게만 받아들이기보다는 한번쯤 새로운 관점에서 의문을 제기해보는 자세가 필요한 이유입니다.

한편 다이아몬드는 예전부터 지금까지 아주 오랜 시간 동안 수많은 사람들의 사랑을 받아 왔습니다. 반짝반짝 빛나고 아름다운 보

---

17. 박미용, 〈꿈의 신소재 그래핀, 노벨상 거머쥐다〉, 《KISTI 과학향기 칼럼》, 2010.11.01.

석으로 만든 반지와 목걸이는 여성들의 마음을 흔들어 놓았죠. 그래서 남성들이 사랑하는 여성에게 청혼을 할 때나 결혼예물로 다이아몬드 반지를 많이 선택할 정도로 귀한 광물입니다. 또한 굉장히 단단한 광물이기도 하죠. 모스굳기계(Mohs hardness scale)를 보면 지구상에서 가장 단단한 것이 금강석이라고 되어 있습니다. 이 금강석이 바로 다이아몬드입니다. 그래서 다이아몬드를 연마할 때는 같은 다이아몬드를 이용해야 합니다. 다이아몬드는 탄소원자 한 개가 네 개의 탄소와 결합한 형태로 정사면체의 구조로 이루어져 있습니다. 즉 다이아몬드는 탄소 하나당 4개의 탄소와 공유결합을 이루고 있어 전기가 통하지 않습니다. 흑연처럼 남는 자유전자가 없기 때문이죠. 또한 다이아몬드는 여러 층이 겹겹이 이루어진 흑연과 달리 정사면체 구조가 3차원으로 연속적으로 결합되어 전체가 단단한 한 덩어리를 이루고 있습니다.

다이아몬드의 원자구조　　　　　흑연의 원자구조

다이아몬드와 흑연의 원자구조
흑연과 다이아몬드 모두 탄소로 이루어져 있지만, 결합 방식이 서로 다르기 때문에 전혀 다른 성질의 물질이 된다. 다이아몬드는 단단한 정사면체 구조를, 흑연은 층간 결합력이 약한 정육면체의 벌집구조를 이루고 있다.

흑연으로 다이아몬드를 만들 수 있을까?

다이아몬드는 어떻게 만들어지는지 알고 있나요? 천연 다이아몬드는 지구 깊숙한 곳에 파묻혀 있던 흑연이 땅속의 매우 높은 열과 압력을 받아서 구조가 변형되어 만들어진 것입니다. 혹시 우리도 연필심으로 다이아몬드를 만들 수 있지 않을까요? 물론 이론적으로는 가능한 이야기입니다. 하지만 매우 높은 온도와 엄청난 압력이 필요하다는 것이 핵심 포인트겠죠. 다음에 제시한 상평형곡선은(124쪽 참조) 흑연에 엄청난 온도와 압력을 가하면 다이아몬드가 된다는 것을 잘 보여줍니다. 실제로 1950년대에 미국 제너럴 일렉트릭의 연구소에서 인공적으로 다이아몬드를 생산하는 데 처음으로 성공한 바 있습니다. 다만 상평형곡선에서 보듯이 어마어마한 고온과 수만 기압의 고압 상태에서 촉매를 사용하는 과정은 큰 비용이 듭니다. 또한 만들어진 다이아몬드는 미립 결정이 대부분이고, 첨가물로 인해 순수하지도 않았기 때문에 합성 다이아몬드는 초기에 금속의 커팅이나 시추용 드릴 등 산업용으로 주로 사용되었습니다.

그러나 최근에는 화학적 증기 증착이라 불리는 방법을 이용하는데, 이 방법에서는 아주 작은 천연 다이아몬드의 조각인 씨앗 다이아몬드를 진공실 안에 넣어줍니다. 이 진공실 안에서 씨앗 다이아몬드는 전자파를 받아 메탄과 수소가 뿜어져 나오는데, 가스는 진공실이 압력을 주는 동안 2,000° F 이상으로 가열시키며, 가스원자는 씨앗 다이아몬드에 달라붙어 하루 만에 완벽한 다이아몬드 시트를 형성하게 되죠. 이러한 방법으로 생산된 합성 다이아몬드는 천연 다이아몬드와 너무 흡사하여 전문가들조차 쉽게 구별할 수 없다고 합니다.[18]

혹연과 다이아몬드뿐만 아니라 플러렌, 탄소나노튜브, 그래핀 등도 모두 탄소의 동소체입니다. 탄소의 동소체들은 저마다 서로 다른 성질들로 각자의 성질에 맞게 여러 산업 현장에서 널리 쓰이며 자신의 역할을 충실히 수행하고 있습니다. 우리도 마찬가지로 각자의 역할에 충실하고, 서로의 존재를 존중하며, 모두 함께 잘사는 사회를 만들어가면 좋겠습니다.

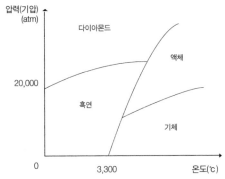

※자료: https://www.kinz.kr/exam/4703

상평형곡선
혹연과 다이아몬드는 탄소 동소체이다. 이론적으로는 혹연에 고압·고온을 가하면 다이아몬드로 변형될 수 있다. 하지만 비용도 많이 들 뿐만 아니라 이렇게 만들어진 인조 다이아몬드는 작은 미립 결정이 대부분이다. 하지만 최근에는 가스를 분해해 고체를 얻는 방법으로 저압에서도 다이아몬드를 얻을 수 있다고 하는데, 이것 역시 주로 공업용으로 사용되는 매우 작은 다이아몬드라고 한다.

....
18. https://modenzy.com/31

여기서 잠깐 | 탄소에 대하여

탄소(C)는 원자번호 6번으로 전자를 6개 가지고 있고, 가장 바깥쪽 껍질에 4개의 전자를 가지고 있다. 그래서 다른 원자와 4개의 결합을 가질 수 있는 구조를 가지고 있다. 그렇게 다른 원자와 전자를 공유해서 8개의 전자를 채워 안정한 상태를 만드는 것이 옥텟규칙(octet rule)이다. 이러한 탄소의 성질 때문에 탄소는 수많은 탄소끼리의 연결 및 수소와 산소 등 다른 것과 함께 결합을 하여 무수히 많은 종류의 탄소화합물들을 만들어낼 수 있다. 탄소라는 물질은 어떤 모양으로 결합하느냐에 따라 여러 형태의 다양한 물질로 사용되고 있다.

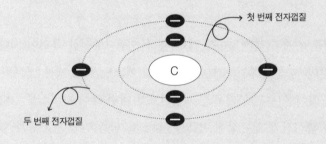

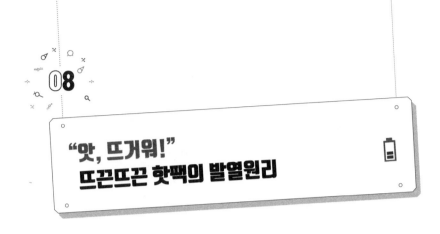

"앗, 뜨거워!"
뜨끈뜨끈 핫팩의 발열원리

한여름 짜증과 불쾌지수를 팍팍 올리는 무시무시한 폭염이 지나가고 날이 좀 선선해지는가 싶기 무섭게 어느덧 살을 에는 매서운 추위가 찾아옵니다. 한겨울 한파주의보가 내린 날이면 버스를 기다리느라 잠시잠깐 정류장에 서 있는 것조차 힘들 만큼 칼바람과 함께 추위가 맹위를 떨칩니다.

온도가 영하로 떨어지고, 한기를 머금은 차가운 바람이 사정없이 쌩쌩 불어 체감온도는 훨씬 더 떨어진 추운 날에 호주머니에 하나씩 넣고 다니는 것이 바로 핫팩입니다. 손발이 꽁꽁 얼고, 코끝이 쟁할 만큼 추운 날에 등교나 출퇴근을 할 때라든가 또는 바깥에서 오랜 시간 머물러야 할 때 핫팩은 꽤 든든하고 요긴한 아이템입니다. 잘 흔들어서 주머니에 넣고 다니기도 하고, 스티커가 부착된 핫팩의 경우 옷 위에 바로 붙이기도 하죠.

핫팩 속 가루의 정체는?

핫팩의 비닐포장을 뜯어보면 대체로 종이봉투 같은 자루에 뭔가 가루가 가득 담긴 형태로 제작됩니다. 종이 자루를 수차례 흔들면 따뜻하게 열이 나죠. 여러분 중에는 분명 호기심에 봉투를 찢어서 안에 들어 있는 가루를 직접 확인해본 사람도 있을 것입니다. 아마 포장을 뜯고 난 후에 지저분하고 평범해 보이는 가루를 눈으로 직접 확인한 후에 실망한 사람도 있을지 모르겠군요. 그런데 어떻게 자루 안의 가루를 흔들기만 하면 따뜻한 열이 날까요? 그 원리는 바로 철의 산화반응[19]을 이용한 것입니다.

여기서 핫팩의 자루 안에 들어 있는 가루의 정체가 궁금해질 것입니다. 자루 안에는 철가루, 활성탄, 톱밥, 질석 그리고 소량의 물이 들어 있습니다. 소금과 활성탄은 철가루가 빠르게 산화되도록 부추기는 역할을 합니다. 질석과 톱밥은 단열재 역할을 하여 따뜻함이 오래갈 수 있도록 열을 보호하는 역할을 하고 있습니다. 질석은 구우면 커지는 돌로 유명합니다. 그 안에 수분과 공기층들이 있어 열을 가하면 공기와 수분이 팽창하여 커지는 것이고, 공기층을 많이 보유하고 있어 단열재로 쓰입니다.

핫팩을 감싸고 있는 비닐포장은 공기와의 접촉을 차단합니다. 하지만 포장을 뜯으면 자루 안으로 공기가 유입되는데, 그중 철가루

....
19. 산화란 물질이 산소와 결합하는 것, 전자를 잃는 것, 수소를 내보내는 것을 산화라고 한다.

$$4Fe + 3O_2 \longrightarrow 2Fe_2O_3$$

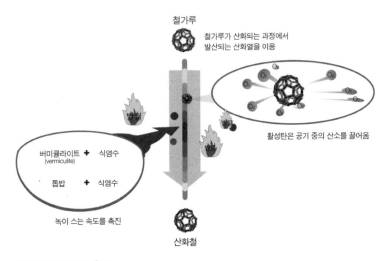

철가루

철가루가 산화되는 과정에서
발산되는 산화열을 이용

활성탄은 공기 중의 산소를 끌어옴

버미큘라이트 **+** 식염수
(vermiculite)

톱밥 **+** 식염수

녹이 스는 속도를 촉진

산화철

핫팩에서 열이 나는 원리

핫팩에 들어 있는 가루의 주요 성분은 철가루이다. 핫팩을 흔들어서 공기 중의 산소와 접하면서 철이 산화되도록 하면 열이 나게 되는 것이다. 여기에 활성탄, 톱밥, 질석, 소량의 물이 산화반응을 부추긴다. 철가루가 모두 산화되고 나면 자루는 다시 차갑게 식게 된다.

가 산소와 만나서 산화가 일어나면 그 반응의 결과로 산화열이 발생하게 됩니다. 게다가 이것을 잘 흔들면 철가루가 공기 중의 산소와 만나는 표면적을 순간적으로 넓혀 반응이 훨씬 빠르게 일어나게 되죠. 가루 속에 포함되어 있는 활성탄은 공기 중의 산소를 끌어오는 역할을 하고, 물과 소금은 철의 산화를 더욱더 촉진시키는 역할을 하면서 손난로가 빠르게 열을 내기 시작하는 것입니다.

하지만 등이나 허리에 붙일 수 있게 스티커가 부착된 핫팩은 굳이 흔들지 않아도 열을 내기도 합니다. 이런 핫팩들은 대체로 일반 핫팩에 비해 두께가 얇게 펼쳐져 있고, 내장재가 고르게 펴져 있습니다. 이런 것들은 포장을 뜯어서 공기에 노출시키자마자 열이 올라옵니다. 이것의 포인트는 다른 핫팩들에 비해 두께를 얇게 함으로써 산소와 닿는 표면을 넓혀 열을 쉽게 발생시키는 것입니다. 또한 철은 열전도가 높은 물질이기 때문에 몸에 붙여놓으면 우리의 따뜻한 체온으로 인해 반응속도가 더욱 빨라지면서 열을 발생시키는 핫팩의 반응성을 높일 수 있죠.

액체형 핫팩은 왜 재사용이 가능할까?

철의 산화반응을 이용한 핫팩은 자루 안에 담긴 철가루의 반응이 모두 끝나고 나면 재사용이 불가능합니다. 한번 쓰고 버리는 일회용 난로이죠. 하지만 재사용이 가능한 핫팩도 있습니다. 바로 액체형 핫팩이 그것입니다. 시중에는 다양한 모양의 재사용 가능한 액체 형태의 핫팩을 찾아볼 수 있습니다. 다만 이것은 철의 산화가 아닌 물질 자체의 상태가 변화되면서 생기는 열을 이용한 일명 똑딱이 손난로라고 부르는 제품입니다. 이것은 팩 안에 아세트산나트륨의 성질을 이용하여 중탕한 과포화 상태의 유체를 넣어둡니다. 이 과포화 상태의 아세트산나트륨은 매우 불안정해서 약간의 자극만 있어도 결정이 만들어지면서 빠르게 고체로 변하죠. 바로 이 과정에서 열을 발생시키는 것입니다. 팩 안을 보면 홈이 파인 금속판을 볼 수 있는데, 과포화 상태의 아세트산나트륨에 자극을 주기 위해 넣어둔 것입니다. '똑딱' 하는 소리와 함께 자극을 주면 곧바로 결정이 만들어지기 시작하며 발열반응을 나타냅니다. 이후 다시 중탕하여 과포화 상태로 만들면 재사용이 가능합니다.

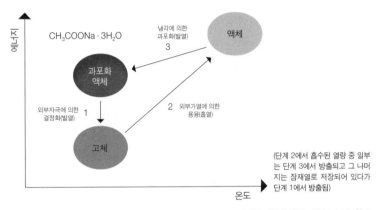

아세트산나트륨의 상태 변화를 이용한 발열 원리

※ 자료: 《동대신문》, 2011.11.7. 참조

철가루를 넣어서 만든 핫팩은 가루 안의 철들의 산화반응이 모두 끝나면 재사용이 불가능하다. 하지만 아세트산나트륨의 상태를 고체로 변화시킴으로써 열을 발생시킬 경우 중탕으로 다시 과포화 상태로 만들면 재사용이 가능하다.

도전, 수제 핫팩 만들기!

핫팩이 철의 산화반응 원리를 이용한 것임을 설명하였습니다. 이러한 원리를 이용하여 여러분도 비교적 간단하게 핫팩을 만들어볼 수 있습니다. 핫팩을 만들고 철의 산화반응을 직접 확인해보면 어떨까요?

> **준비물**
>
> 철가루, 질석, 활성탄, 소금, 핫팩주머니, 숟가락, 실링(철가루 입구를 막기 위함)

①
핫팩주머니에 적당한 양의 철가루를 넣습니다.
(철가루가 새어 나올 수 있으니 핫팩 주머니는 2겹 정도로 할 것)

②
철가루를 넣은 핫팩주머니에 소금을 적당히 넣습니다(소금은 철의 산화를 촉진시켜요. 바닷물에서 철이 더 빨리 부식되는 이유).

③
핫팩주머니에 질석을 넣어줍니다(질석은 단열재 역할을 함). 질석은 공기층을 많이 함유하고 있습니다. 적당한 양을 넣어주세요.

④
핫팩 주머니에 활성탄을 넣어줍니다(활성탄은 다공성으로 산소를 끌어당겨 산화를 촉진함).

⑤
입구를 잘 봉인해줍니다.

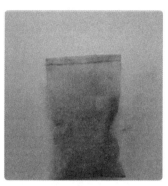

⑥
흔드는 핫팩 완성~

※ 주의사항: 가루를 담은 봉지의 입구를 허술하게 봉합할 경우 사용하다가 내용
물이 흘러나올 수 있으므로 봉인한 후에 새지 않는지 잘 확인하는
것이 좋습니다.

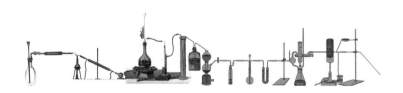

"방심은 금물, 아는 것이 힘이다!"

과학기술의 발전은 우리에게 수많은 편리를 안겨주었습니다. 하지만 모든 일에는 빛과 그늘이 함께 존재하는 법. 과거에는 자연재해와 기근 등이 인류의 생존에 있어 가장 큰 위협이 되었습니다. 하지만 현대의 인류는 오히려 우리 자신의 편리를 위해 스스로 만들어낸 것들에 의한 위협이 실로 심각한 수준입니다. 예컨대 미세먼지, 독성 살균제, 유해물질이 들어간 기저귀와 생리대 등 우리의 건강과 생명을 위협하는 온갖 위험한 물질들은 실상 우리가 스스로의 편의를 위해 만들어낸 것들이니까요. 게다가 이러한 위험요인들은 이미 우리 생활 깊숙이 파고들어 있습니다. 주방에서 거의 매일 사용하는 프라이팬부터 어린이, 청소년은 물론 어른들까지 심심풀이로 가지고 노는 액체괴물조차 안전성 문제에서 완전히 자유로울 수 없습니다. 그래서 이 장에서는 생활 속에서 무심코 지나치기 쉽지만, 자칫 큰 위험을 초래할 수 있는 것들에 관해 이야기해보려고 합니다. 모르면 독이 될 수도 있지만, 원리를 알면 왜 주의해야 하는지 깨달을 수 있고, 나아가 이를 예방하고 개선할 수 있는 좋은 아이디어들을 떠올릴 수도 있을 것입니다.

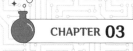

CHAPTER 03

위험한
과학 이야기

"문지르면 향기가 톡톡!?" 미세플라스틱의 위험천만한 여정

환경오염이 심각한 요즘, 대기 중에 떠도는 오염물질도 많다 보니 겉으로 보기에 별로 지저분해지지 않은 옷이라도 다시 입기 영 찜 찜한 경우가 많습니다. 그래서 한번만 입은 옷도 새로 깨끗이 빨아 입곤 합니다. 하지만 교복이나 양복처럼 물세탁이 쉽지 않은 옷들은 한번만 입고 빨 순 없을 것입니다. 그래서 요즘에는 미세먼지를 털어내고 세균과 냄새를 함께 없애주는 기능을 갖춘 고가의 가정용 의류스타일러도 큰 인기를 끌고 있다고 합니다.

꿉꿉한 세탁물을 상쾌하고 향기롭게

티셔츠나 속옷, 양말 등은 하루만 입어도 빨아 입다 보니 세탁 바구

니는 늘 벗어놓은 빨랫감들로 꽉 차 있습니다. 이런 빨랫감들은 보기만 해도 어쩐지 눅눅하고 퀴퀴한 냄새가 물씬 올라오는 것 같죠. 그래서 세탁기를 돌릴 때면 세제와 함께 잊지 않고 꼭 넣는 것이 있습니다. 바로 좋은 향기가 나는 섬유유연제입니다.

> "자, 그럼 이제 빨래를 해볼까, 아~ 맞다. 현성아 이번에 사온 섬유유연제는 세탁하고 한참 후에도 향기가 난다고 하는데 이걸 한번 써볼까?"

여기서 잠깐! 세탁하고 한참이 지난 후에도 향기가 난다고? 이건 또 무슨 소리일까요? 섬유유연제의 향기는 대체로 세탁 후 일정 시간이 지나면 금세 날아가 버립니다. 그래서 때때로 향이 좀 더 오래 가기를 바라는 마음에 장마철 같은 때는 정량보다 더 많은 양을 넣기도 하죠. 조금만 넣어도 향이 오래 지속된다는 것은 참으로 솔깃한 유혹이 아닐 수 없습니다. 그런데 이런 제품들은 대부분 미세플라스틱 캡슐에 향기를 가둔 고농축 제품들입니다.

미세플라스틱 '캡슐'을 활용한 섬유유연제는 세탁하고 한참 지난 후에도 옷을 쓱쓱 문지르면 미세플라스틱 캡슐이 터지면서 오랫동안 향기를 유지할 수 있습니다. 아마 텔레비전 광고 속에 캡슐 모양이 그래픽으로 등장하며 섬유유연제의 향기 효과를 설명하는 모습을 본 적이 있을 것입니다. 이것은 세탁 후 섬유에 붙은 10마이크로미터 남짓한 미세한 크기의 캡슐이 터지면서 향료를 배출하는 방식을 이용한 것입니다. 섬유유연제를 사용하는 목적 중 하나가 옷에서 좋은 향기를 오래 유지시키는 것인 만큼 업체들 또한 향기를 오래 가도록 하는 부분에 신경을 많이 쓰고 있다고 합니다.

하지만 좋은 향기를 위해 지구가 치르는 대가는 너무나 혹독합니다. 미세플라스틱으로 인한 환경오염 문제는 이제 더 이상 간과할 수 없는 심각한 수준에 이르렀으니까요. 여러분도 알고 있겠지만, 북태평양 한가운데는 대한민국 영토의 15배에 이르는 어마어마한 플라스틱 섬이 만들어져 충격을 안겨주었고, 이미 수많은 바다 생물들이 바다로 무분별하게 흘러들어온 플라스틱 쓰레기들과 잘게 부서진 미세플라스틱으로 인해 목숨을 잃고 있습니다. 이러한 안타까운 뉴스를 접할 때마다 마음이 무거워집니다.

미세플라스틱과 바다환경의 오염
우리의 편의를 위해 사용한 미세플라스틱의 영향으로 수많은 생명이 위협받고 있다. 해외 연구 결과에 따르면 수도권과 대도시권 주변의 하천과 바다의 미세플라스틱 농도(오염도)가 세계 2, 3위로 나왔다. 믿고 마셔온 먹는 샘물에서도 미세플라스틱이 검출됐다. 이로 인한 국민들의 걱정이 커지고 있지만 환경부는 우려할 만한 수준은 아니라는 입장이다.

도대체 미세플라스틱은 우리에게 어떤 영향을 미치는 걸까?

어느 날 아이가 천진난만한 얼굴로 물어보더군요.

"엄마, 미세플라스틱이 뭐야? 그게 왜 안 좋은데? 먹으면 어떻게 되는 거야?"

아이의 호기심을 제대로 충족시켜주려면 부모도 열심히 공부하고 노력해야 하는 걸 새삼 깨달았습니다. 얼마 전 뉴스에서 크기 5mm 이하로 물에 녹지 않는 미세플라스틱이 해양 생태계를 오염시키고 각종 해양 생물들도 오염되고 있으며, 결국엔 인체에 유입될 수 있다는 보도를 접하였습니다. 이와 함께 초미세 '캡슐' 제품에 대한 사람들의 우려도 높아지고 있는 실정입니다. 그런데 대체 미세플라스틱이 우리 생활에 어떤 문제들을 야기하는지 얼핏 피부에 와 닿지 않을 수도 있습니다. 과연 이런 미세플라스틱들은 우리 생활에 어떤 문제를 야기하는지 좀 더 자세히 알아봅시다.

혹시 먹이사슬이란 말을 들어본 적이 있나요? 미세플라스틱은 크기가 너무 작기 때문에 하수처리시설에서 제대로 걸러지지 않은 채 강과 바다로 고스란히 흘러들어갑니다. 작은 물고기들은 이것을 자신들의 먹이인 플랑크톤으로 오인해 먹게 되고, 이러한 작은 물고기들은 또 다른 큰 물고기가 잡아먹습니다. 이렇게 물고 물리는 먹이사슬 속에서 결국 미세플라스틱이 가장 많이 농축된 큰 물고기는 최상위 포식자인 우리 인간의 식탁 위에 놓이게 됩니다.

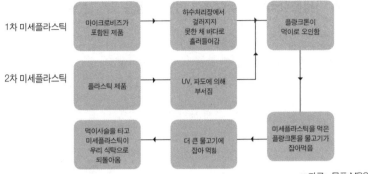

```
1차 미세플라스틱    마이크로비즈가 ──▶ 하수처리장에서 ──▶ 플랑크톤이
                  포함된 제품        걸러지지            먹이로 오인함
                                   못한 채 바다로
                                   흘러들어감

2차 미세플라스틱    플라스틱 제품  ──▶ UV, 파도에 의해
                                   부서짐

먹이사슬을 타고   ◀── 더 큰 물고기에 ◀── 미세플라스틱을 먹은
미세플라스틱이        잡아 먹힘          플랑크톤을 물고기가
우리 식탁으로                          잡아먹음
되돌아옴
```

※자료: 목포 MBC

미세플라스틱의 기나긴 여정

강과 바다로 흘러들어간 미세플라스틱은 돌고 돌아서 다시 우리의 몸속으로 들어올 수밖에 없다. 어쩌면 우리 인간의 이기심이 야기한 인과응보가 아닐까?

미세플라스틱이 우리 몸속으로 들어오면 대부분의 미세플라스틱은 소화기관을 거쳐 몸 밖으로 빠져나갑니다. 하지만 안타깝게도 100% 배출되는 것이 아닙니다. 다시 말해 이들 중 상대적으로 큰 미세플라스틱은 소화관 내벽을 통과하기 어려워 흡수가 잘 되지 않아 몸 밖으로 배출되지만, 그보다 훨씬 더 작은 미세플라스틱은 림프계를 통해 체내에 흡수되어 몸속에 차곡차곡 쌓이게 되죠. 심지어 그중 일부는 세포나 장기에 흡착되어 몸에 이상 증상을 일으킵니다. 이렇게 흡수되는 미세플라스틱은 입자가 보이지 않을 정도로 워낙 잘게 나눠진 탓에 표면적이 증가하여 독성 물질을 훨씬 더 잘 흡착할 수 있게 됩니다. 아직까지는 이런 미세플라스틱들이 인체에 장기적으로 어떤 영향을 미치는지에 관해 명확히 밝혀지진 않았습니다. 하지만 단기적으로만 봐도 이미 여러 가지 유해한 결과를 초래한 사례들을 어렵지 않게 접할 수 있습니다.

워낙 언론에서 미세플라스틱 문제가 뜨겁게 이슈화되고 나니 일부 업체들은 자발적으로 마이크로캡슐을 사용하지 않으려는 추세입니다. 하지만 아직 생활화학용품에 관해서는 마땅한 규제조차 마련되지 않은 상황에서 미세플라스틱은 이미 우리 생활 깊숙이 스며들어 있습니다. 섬유유연제뿐만 아니라 세안제, 치약, 생수병 등 매일 사용하는 생활화학용품 전반에 알게 모르게 미세플라스틱이 광범위하게 사용되고 있어 소비자들의 많은 주의가 요구됩니다.

코팅된 종이컵, 플라스틱컵, 페트병 등 일회용 제품들, 무심코 낭비하기 쉬운 비닐봉투 등 잠시 잠깐의 편리를 충족시키려는 인간의 이기심 때문에 지구는 엄청난 희생을 치르고 있습니다. 하지만 궁극적으로 볼 때 언젠가는 우리 인간이 그 대가를 톡톡히 치르게 될 것이 자명합니다. 그것도 아주 치명적이고 위험천만한 대가를 말이죠. 미세플라스틱으로 오염된 해양 생태계가 우리 밥상을 오염시키는 것은 어쩌면 우리가 치러야 할 위험한 대가 중 아주 작은 시작에 불과할지 모릅니다.

국내 미세플라스틱 규제 내용

분류	화장품	의약외품	생활화학용품
근거법령	화장품 안전기준 등에 관한 규정	의약외품 품목허가 신고 심사 규정	규제 미비
규제내용	'사용할 수 없는 원료'에 '미세플라스틱' 추가	사용할 수 없는 첨가제에 '고체플라스틱' 추가	
시행일	2017년 7월 1일	2017년 5월 19일	

※자료: 식품의약품안전처

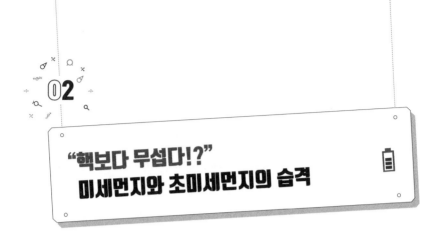

"핵보다 무섭다!?"
미세먼지와 초미세먼지의 습격

죽음의 먼지, 잿빛 재앙, 은밀한 살인마…

마치 무시무시한 공포영화의 카피처럼 어쩐지 등골이 오싹해지는 것 같죠? 모두 미세먼지를 가리키는 말들입니다. 현대를 살아가는 우리가 날씨예보만큼이나 관심을 갖는 것이 바로 오늘의 미세먼지 수준일 것입니다. 전 세계에 코로나 19가 대유행한 이후 미세먼지와 초미세먼지 농도가 예년에 비해 크게 감소한 것은 사실이지만 일시적인 현상일 뿐, 현대 산업사회의 미세먼지 문제가 근본적으로 해결된 것은 아닙니다. 오히려 미국 하버드대학교 연구팀에 따르면 미세먼지 오염도가 높은 곳일수록 코로나 19의 치명률이 높다고 합니다.[1]

....
1. 채선희, 〈美하버드대 "미세먼지 심한 곳에서 코로나19 치명률도 높아져"〉, 《한국경제》,
   2020.07.15. 기사 참조

미세먼지와 초미세먼지, 대체 얼마나 작은 거야?

미세먼지가 코로나 치명률까지 높인다니! 흔히 아주 작고 하찮은 것을 먼지에 비유해왔는데, 앞으로는 먼지를 그리 만만히 얕잡아 볼 수만은 없을 것 같습니다. 그런데 미세먼지는 무엇이고, 초미세먼지는 또 무엇일까요? 물론 이름에서 짐작할 수 있듯이 미세먼지는 작은 것이고, 초미세먼지는 그것보다 훨씬 더 작겠구나 하는 정도의 느낌은 있을 것입니다. 좀 더 정확하게는 먼지의 직경의 차이로 구분할 수 있습니다. 신문이나 뉴스에서 혹시 PM_{10}, $PM_{2.5}$라고 표시된 것을 본 적이 있나요? 여기서 PM이란 입자상 물질인 먼지를 뜻하는 'Particulate Matter'의 약자입니다. PM_{10}은 직경이 $10 \mu m$ 이하의 미세먼지, $PM_{2.5}$는 직경이 $2.5 \mu m$ 이하의 초미세먼지이죠. $2.5 \mu m$보다 작은 초미세먼지는 작아도 너무 작은데, 영어로 'Ultrafine particulate matter'라고 하며, 아래의 그림으로 그 크기를 조금이나마 가늠해보기를 바랍니다.

| 고운모래 | 머리카락 | 꽃가루 | 미세먼지, 황사 | 초미세먼지 |
| 90마이크로미터 | 50~70마이크로미터 | 40마이크로미터 | 10마이크로미터 | 2.5마이크로미터 |

먼지의 크기 비교
바닷가 백사장에 펼쳐진 고운 모래를 생각해보자. 미세먼지는 그 곱디고운 모래보다 작은 1/10 수준의 매우 작은 입자이다.

작은 고추가 더 맵다! 미세먼지의 치명적 유혹

앞서 설명한 것처럼 미세먼지란 우리 눈으로는 제대로 볼 수도 없을 만큼 아주아주 가늘고 작은 먼지 입자를 말합니다. 하지만 작다고 무시할 수 없는 것이 바로 미세먼지입니다. 오히려 작기 때문에 더더욱 위험하다고 할 수 있죠. 오늘날처럼 고도로 산업화된 사회에서는 기본적으로 먼지를 이루고 있는 성분 자체가 우리에게 매우 치명적입니다. 미세먼지는 황산염(SO_4^{2-}), 질산염(NO_3^-), 암모늄(NH_4^+) 등의 이온 성분과 금속화합물과 탄소화합물 등 온갖 유해물질들로 이루어져 있으니까요. 특히 대도시의 미세먼지는 70% 이상이 자동차, 주로 경유를 사용하는 자동차에서 나오고 있다고 합니다. 미국에서 미세먼지 때문에 심장과 폐의 이상으로 일찍 죽는 사람들 중 광화학 스모그가 심하다는 로스앤젤레스에서 죽는 사람이 가장 많고 뒤이어 뉴욕, 시카고 등 대도시 순서라는 것만 봐도 자동차의 수와 밀접한 관련이 있다는 것을 짐작할 수 있습니다.

우리나라의 경우 계절적으로는 겨울에 난방 연료 사용이 큰 폭으로 증가함으로써 먼지 농도가 한층 높아지는 경향이 있습니다. 환경부 홈페이지를 보면 국내뿐만 아니라 국외에서 유입된 오염물질이 우리나라의 대기에 막대한 영향을 끼치는데, 연구 결과에 의하면 약 30~50% 내외가 국외에서 유입된 것이라고 합니다.

인류를 돌이킬 수 없는 재앙으로 내몰 수 있는 위협요인 중 하나로 '핵'이 꼽힙니다. 하지만 이제 미세먼지는 가히 핵무기 못지않게 우리에게 크나큰 위협요인이 되고 있습니다. 무엇보다 미세먼지는 우리가 일상생활에서 알게 모르게 지속적으로 흡입하고 있는 점에서 큰 우려가 아닐 수 없습니다. 앞서 설명한 것처럼 미세먼지는 크기가 너무 작다 보니 우리 호흡기를 통해 몸속으로 쉽게 들어옵니다. 우리가 숨을 쉴 때 공기와 함께 들어오는 거죠. 문제는 미세먼지 자체가 오염물이고 유해물이라는 데 있습니다. 이렇게 들어온 미세먼지는 폐 조직 속으로 깊이 침투하여 폐의 기능을 떨어뜨립니다. $PM_{2.5}$의 경우는 폐포에 흡착하여 폐포를 손상시킨다고 합니다. 폐뿐만이 아닙니다. 뇌와 방광 등 우리 몸 구석구석으로 퍼져나가죠. 심지어 미세먼지는 여러 가지 병을 막아내고 이겨내는 힘의 원천인 면역 기능마저 떨어뜨려 우리 몸을 쇠약하게 만들어 알레르기성 결막염, 알레르기성 비염, 기관지염 등 면역 관련 질병 유발에 깊이 연관되어 있다고 합니다. 미국에서는 매년 6만 4천여 명이나 되는 사람들이 미세먼지의 오염 때문에 일찍 사망한다는 조사 결과도 나왔으니 그저 단순하게 생각하고 넘길 문제가 아닙니다. 또한 한국원자력연구원 연구진은 방사성동위원소(Radioisotope · RI)의 특성을 생명체학(Biomics)에 적용한 융합연구시설(RI-Biomics)에서 미세먼지를 관측하였습니다. 미세먼지 표준물질은 디젤엔진에서 배출되는 미세먼지(1마이크로미터 미만)와 동일한 유형입니다. 쥐의 기도와 식도에 이 미세먼지 표준물질을 투입해본 결과 입을 통해 식도로 유입된 것은 이틀 만에 몸 밖으로 빠져나온 반면, 코를 통해 기도를 거쳐 흡입된 미세먼지 표준물질은 60%나 폐에 쌓였고, 배출하는 데 일주일 이상이 걸렸으며, 배출 과정 중 소량의 미세먼지 표준물질은 간과 신장 등 일부 다른 장기로 이동된 것도 확인하였다고 합니다.[2] 미세먼지가 우리 몸속에서 다른 장기로까지 이리저리 이동하는 것은 다소 충격적입니다.

현재 세계보건기구(WHO)에서는 미세먼지를 1급 발암물질로 규정하고 있습니다. 과거 그 어느 때도 현재와 같이 미세먼지로 하늘이 뒤덮인 환경을 경험한 적은 없었죠. 따라서 오랜 세월 쌓이고 쌓인

....
2. 조재근, 〈미세먼지 몸속에 들어오면 일주일은 머문다〉, 《충청투데이》, 2018.11.28. 참조

임상 결과가 없는 만큼 앞으로 미세먼지로 인하여 나올 수 있는 피해들에 대해서는 상당 부분 미지의 영역인 셈이기 때문에 더욱 심각한 문제가 아닐 수 없습니다.

우리나라는 예로부터 산 좋고 공기 좋고 물 좋은 나라로 유명했습니다. 하지만 언제부터인가 이런 유명세가 무색할 만큼 온 하늘을 탁한 미세먼지가 뒤덮고 있죠. 어떤 광고에서 어린 아이들이 하늘을 진흙처럼 탁한 색으로 칠하며 천진난만한 얼굴로 "하늘색이잖아요!"라고 말하는 장면이 나올 만큼, 이제는 깨끗한 하늘을 바라보며 깨끗한 공기를 마시는 것조차 꿈같은 날들이 되어가고 있습니다.

미세먼지를 줄이기 위한 노력

한창 성장기의 어린이와 청소년들이 이런 미세먼지 속에서 하루하루 자라고 있는 것이 걱정입니다. 환경오염은 우리 힘으로 어쩔 수 없다고 체념하기보다는 미세먼지 문제를 해결하기 위한 적극적인 실천이 필요한 때입니다. 현재 정부에서는 미세먼지 예보·경보제를 통해 국민들에게 미세먼지 상황을 알리고 있습니다. 또한 한중일 환경 협력을 강화하고, 국내 오염 배출 및 관리와 연구 개발을 하고 있죠. 또한 미세먼지 모니터링을 확대하고, 미세먼지가 높은 날의 행동 대응 수칙을 알리는 등의 노력도 취하고 있습니다.

이와 함께 우리도 미세먼지의 체내 유입을 최소화하기 위해 외출시 마스크 착용과 미세먼지가 많은 때는 최대한 실외활동을 자제하는 등의 노력을 해야 합니다. 또 몸속에 쌓인 미세먼지는 배출이 잘 되지 않는 것이 사실이지만, 충분한 수분 흡수를 통해 최대한 배출될 수 있도록 하고, 호흡기나 안구에 이물질이 들어와 쌓이지 않도록 마스크나 보호안경의 올바른 착용 등도 잊지 말아야 합니다.

우리 각자의 작은 실천들 하나하나가 쌓이면 우리가 살고 있는 이 나라 그리고 우리가 살고 있는 지구를 살기 좋게 바꾸어 미래 우리 후손에게 남겨줄 수 있지 않을까요? 끝으로 환경부에서 제안한 생활 주변 미세먼지 줄이기 10가지 국민실천약속을 여러분에게 소개할까 합니다. 이 중에서 가정 내에서 실천해볼 만한 것들이 있다면 꾸준히 실천에 옮겨봅시다!

하나, 폐기물 소각하지 않기

둘, 도로변에 불법 주정차 하지 않기

셋, 공터에 식물심기

넷, 친환경 자동차 타기

다섯, 공회전하지 않기

여섯, 3급하지 않기(자동차급출발, 급가속, 급감속)

일곱, 친환경보일러 설치하기

여덟, 주방후드, 에어컨, 진공청소기 필터 자주 청소하기

아홉, 에너지효율이 높은 가전제품 사용하기

열, 요리방법 건강하게 바꾸기(구이나 튀김에서 삶기나 찌기로)

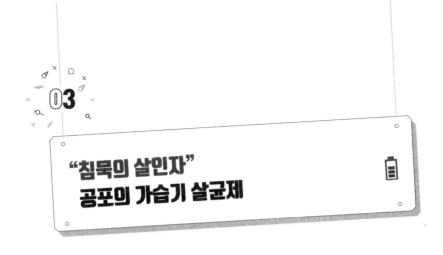

"침묵의 살인자" 공포의 가습기 살균제

몇 년 전 온 국민을 충격에 빠트린 사건이 있었습니다. 바로 모 회사의 가습기 살균제에 의해 수많은 사람들이 영구적인 폐 손상과 심하게는 목숨까지 잃게 된 사건이었죠. 무려 170여명의 인명피해를 낸 일명 '가습기살균제 참사'였습니다. 벌써 몇 년이 훌쩍 지나간 지금에도 이 문제는 완전한 해결에 이르지 못한 채 피해자들의 처절한 고통이 가시지 않고 있죠.

특히 가습기는 주로 호흡기가 약한 어린 자녀를 둔 가정에서 많이 사용해왔기 때문에 부모들에게 더더욱 큰 충격을 안겨주었습니다. 그저 가습기를 좀 더 청결하게 관리해주고 싶었던 부모들의 가슴에 대못을 박은 셈이죠. 필자 또한 아이를 키우는 부모의 입장에서 상식적으로 납득할 수 없는 일이 벌어진 것에 경악했습니다.

가습기 살균제라 함은 늘 물을 채워두어야 하는 가습기 안에 혹시 생길지 모를 유해균들을 제거하여 깨끗하게 사용할 수 있게 만들어진 제품입니다. 번거로운 세척 없이 약간의 액체를 물에 넣어주는 것만으로도 살균이 된다는 건 사용자 입장에서는 참으로 편리한 이점이 아닐 수 없었죠. 출시된 후 안전 위험에 대한 특별한 제제 없이 가습기 살균제가 널리 사용되었고, 첫 출시부터 2011년까지 연간 60만여 개 정도나 팔려나갔다고 합니다. 그러다가 이후 서울의 한 병원에서 딱히 원인을 알 수 없는 폐 질환으로 임산부들이 사망한 것을 시작으로 가습기 살균제의 피해 사례들이 속속 나타나기 시작한 것입니다.

무엇이 수많은 사람들을 위험에 빠트렸나?

왜 해로운 세균을 제거하기 위한 용도로 개발된 가습기 살균제가 수많은 사람들의 건강과 목숨을 위협하게 된 것일까요? 즉 살균제 속의 어떤 물질이 사람들에게 치명적인 손상을 입히고, 목숨까지 앗아가게 만든 것일까요?

가습기 살균제의 성분은 주로 폴리헥사메틸렌구아니딘(PHMG)과 염화올리고에톡시에틸구아니딘(PGH)이고, 메틸클로로이소치아졸리논(CMIT)을 이용하는 경우도 있습니다. 가습기 살균제 사건의 주요 물질은 바로 폴리헥사메틸렌구아니딘, 즉 PHMG입니다. 원래이 물질은 피부에 대한 독성이 적고, 살균력 또한 뛰어나며, 물에 잘 녹는 수용성이라 가습기 살균제뿐만 아니라 물티슈, 부직포 등에 살균이나 부패 방지 등의 용도로 널리 사용되어왔습니다. 해외에서는 주로 카펫을 청소하는 데 사용된 물질이죠.

문제가 된 건 이러한 공업용 살균제를 가습기에 사용함으로써 호흡할 때 이러한 살균제 성분이 에어로졸[3] 형태로 우리 호흡기에 직접 침투하게 된 것입니다. 사실 이 살균제의 피부 독성은 낮은 것으로 오랜 시간 안전성 검증이 이루어졌으나, 호흡기로 침투했을 때 우리 몸에서 일어날 수 있는 반응에 관한 안전성 검사는 제대로 이루어지지 않았던 거죠. 또한 가습기 살균제는 의약품이 아닌 공산품으로 분류되었기 때문에 일반적인 안전기준만이 적용되어 피해가 한층 더 가중된 것입니다.

한국과학창의재단의 〈사이언스타임즈〉에 올라온 내용 중 일부를 소개하려고 합니다. 한국원자력연구원의 전종호 첨단방사선연구소 박사팀이 이규홍 안전성평가연구소 전북흡입안전성 연구본부 박사팀과 함께 'PHMG(폴리헥사메틸렌구아니딘)'의 체내 이동 형태를 분석하고 영상화한 기술을 구현하였습니다. PHMG에 방사성 동위원소(Indium-111)를 라벨링하여 에어로졸 형태로 실험용 쥐에 흡입시킨 거죠. 그 결과 1주일이 지난 후에도 실험용 쥐의 폐에 PHMG가 70% 이상 남아 있었고, 폐에 축적된 PHMG 중 약 5%가 간까지 이동한 것으로 나타났습니다.

....
3. 기체 상태에 미세한 입자가 혼합되어 있는 형태를 말한다.

폴리헥사메틸구아니딘의 분자구조
가습기 살균제의 주요 성분인 폴리헥사메틸구아니딘, 즉 PHMG는 공업용 항균제로 해외에서는 주로 수영장 물 관리에 주로 쓰였다. 피부 독성은 낮은 편이라 이 같은 용도로 사용할 때는 큰 문제가 없으나, 가습기 살균제처럼 에어로졸 상태로 호흡기 속에 침투할 경우 인체에 치명적인 손상을 입힐 수 있다.

이 연구 외에도 가습기 살균제 관련된 여러 논문에서도 PHMG의 실험을 통한 결과는 PHMG가 폐섬유화증[4]과 유관하다는 결과와 함께 간까지도 영향을 미치고, 심지어 아직 규명조차 되지 않은 위험요소들이 많다고 이야기합니다. 침실 머리맡에 두고 매일 사용하면 고농도로 폐에 노출될 수밖에 없기 때문에, 위험이 커지고 호흡곤란이나 폐섬유화증 등의 심각한 문제까지 일으키는 것입니다.

화학물질의 은밀한 습격, 현대인의 일상을 위협하다

가습기 살균제뿐만 아니라 우리가 일상 속에서 거의 매일 사용하고

....
4. 폐가 딱딱하게 굳는 병으로, PHMG가 폐에 들어가 상처를 유발하고, 우리 몸이 그것을 계속 치유하려는 상태가 지속되는 과정에서 폐섬유화증이 나타난다고 볼 수 있다.

있는 화학물질의 유독성에 관해서는 오래전부터 논란이 일고 있습니다. 실제로 오랜 시간 안전하다고 철석같이 믿으며 사용해온 제품들 중에서도 최근 유독물질로 밝혀진 것들이 있습니다. 대표적인 것이 바로 CMIT(Methylchloroisothiazolinone)나 MIT(Methylisothiazolinone)로 과거 일반화학물질로 분류되었다가, 2012년 유독물질로 지정되었죠. 이들의 용도는 박테리아나 곰팡이 등을 제어하는 항균제와 살균보존제로 사용하도록 한 것인데, 보통 샴푸나 화장품, 세제와 섬유유연제, 청소용품, 헤어젤, 살충제, 일회용 물티슈 등처럼 우리가 일상적으로 사용하는 청결·위생용품에 많이 사용되었습니다. 이들 성분 또한 PHMG와 마찬가지로 피부 독성은 낮지만, 호흡기로 흡입할 경우 독성을 띠기 때문에 분사형 제품에는 사용을 금지하고 있으며, 화장품과 의약외품 중에서 씻어내는 제품에 한해 희석하여 사용할 수 있습니다.

우리 현대인들은 다양한 화학제품들을 일상적으로 접하며 살아갑니다. 과일이나 식기를 씻는 세척제, 빨래하는 세제, 머리감는 샴푸, 얼굴과 몸을 씻는 비누와 다양한 종류의 클렌저, 치약, 향기로운 향초, 냄새 제거제, 물티슈, 손 세정제 등 생활화학제품은 참으로 다채로운 형태로 우리 삶 속에 깊숙이 들어와 있습니다. 하지만 화학을 전공하지 않은 일반 국민들은 그저 제품에 적혀 있는 대로 "아, ○○에 쓰는 거구나!" 하며 용도 정도만 확인할 뿐입니다. 한발 더 나아가 성분을 확인한다고 해도 구체적으로 그러한 성분들이 우리 몸에서 어떤 반응을 일으키는지에 대해서는 정확하게 알 길이 없습니다. 제품이 시중에 출시된 만큼 용도에 대한 적합성이나 성분의 안전성이 충분히 확보된 제품들만 허가를 받고 판매가 되고 있는 거라고 믿으며 물건을 구매할 뿐이죠. 그렇기 때문에 그 많은 사람들이 가습기 살균용으로 나온 제품을 별다른 의심 없이 쓸 수밖에 없었던 것입니다. 문제가 발생한 이상 이 책임은 명백히 용도에 맞게 제품을 개발하지 못한 회사와 철저한 조사 없이 이것의 판매를 허가한 곳에 있습니다. 그리고 다시는 똑같은 비극이 반복되지 않도록 관계당국의 철저한 안전성 관리 강화가 필요합니다.

하지만 소비자인 우리도 앞으로는 일상적으로 사용하는 화학제품에 대해 좀 더 신중을 기할 필요가 있습니다. 필요 이상의 무분별한 사용을 자제하고, 꼭 사용해야 하는 제품에 대해서도 혹시 유해하지 않은지 성분을 꼼꼼하게 따지는 신중한 자세가 필요할 것입니다. 적어도 안전문제에서 방심은 절대 금물입니다.

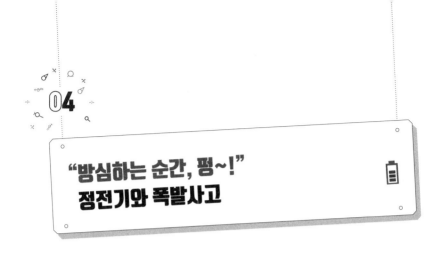

04

"방심하는 순간, 펑~!" 정전기와 폭발사고

날씨가 건조하고 차가운 겨울이면 시시때때로 마주하는 불청객이 있습니다. 바로 정전기입니다. 스웨터를 벗거나 때때로 누군가와 서로 스칠 때도 '찌릿찌릿'한 정전기를 경험하게 됩니다. 정전기란 전기가 흐르지 않고 머물러 있는 전하입니다. 정전기가 생기는 이유는 보통 마찰에 있습니다. 일상 속 작은 마찰들이 생기게 되면 원자들 사이에 서로 전자를 주고받는데, 전자를 받는 쪽은 마이너스(-)전하가 되고 전자를 잃은 쪽은 플러스(+)전하가 됩니다.

정전기의 위력은 얼마나 될까?

생활 속에서 정전기가 찌릿 오르는 경험이 썩 유쾌하다고 말할 순 없지만, 그렇다고 참지 못할 만큼 고통스럽고 위협적이라고 느끼는 사람은 없을 것입니다. 생활 속 우리의 움직임 속에는 크고 작은 마찰들이 끊임없이 이어집니다. 이때 주고받는 마찰로 생겨난 전기가 조금씩 쌓여가는 과정에서 흐르지 못한 채 머물러 있게 되죠. 전기가 어느 정도 쌓인 상태에서 유전체를 만나게 되면 짧은 시간에 전기가 흐르게 됩니다. 우리가 '찌릿'하게 느끼는 것은 실제 전기 흐름에 의한 작은 충격인 셈입니다. 원래 전자란 원자핵 주위에서 특정한 궤도에서 돌고 있다가 마찰과 같은 외부 자극이 생기면 이를 통해 다른 물체로 자유롭게 이동합니다.

우리나라의 사계절 중에 정전기가 언제 가장 많이 생길까요? 네, 바로 겨울입니다. 겨울은 시베리아고기압의 영향으로 한랭하고 건조하기도 하여 마찰에 의한 정전기들이 많이 생기는 계절이죠. 혹시 겨울에 깜깜한 곳에서 스웨터를 벗어본 적이 있나요? 밝은 곳에서는 그저 '탓탓탓' 하는 소리와 찌릿한 느낌만 느끼고 끝났다고 생각했겠지만, 어두운 곳에서 보면 순간적으로 번쩍하는 불꽃을 확인할 수 있습니다.

그런데 혹시 옷을 벗을 때 일어나는 정전기의 전압이 얼마나 되는지 알고 있나요? 대략 3만 볼트 정도가 된다고 합니다. 집에서 사용하는 전압이 220볼트이니, 3만 볼트는 굉장히 크게 느껴질 것입니다. 그런데 생활 속 정전기 때문에 화상이나 큰 부상을 입었다는 이야기는 거의 들어본 적이 없을 것입니다. 일상적인 정전기로 인해 우리가 상해를 입을 만큼 위험한 상황이 초래되지 않는 이유는

생활 속에서 경험하는 찌릿한 정전기
일상적인 움직임 속에서 끊임없이 일어나는 마찰전기가 조금씩 쌓여 정전기 형태로 머물러 있다가 유전체를 만나게 되면 짧은 시간에 전기가 흘러 찌릿함을 느끼게 된다.

정전기의 전압은 수만 볼트로 높은 반면, 전류가 거의 없고 시간 자체가 굉장히 짧기 때문입니다. 하지만 때때로 정전기는 무시무시한 위력을 발휘하기도 합니다.

언젠가 텔레비전 뉴스에서 주유소 화재 사고를 접한 기억이 납니다. 그 화재 사건이 아직까지 또렷하게 기억에 남아 있는 이유는 사고의 원인이 다름 아닌 정전기였기 때문이죠. CCTV 화면 속에는 한 중년여성이 셀프주유소에서 주유를 하기 전에 손을 옷에 한번 슥 문지르고 기름을 넣으려던 찰나 갑자기 아주머니의 차로 불이 순식간에 옮겨 붙는 모습이 담겨 있었습니다. 왜 갑자기 불이 난 걸까요? 그 이유는 손으로 옷을 쓱 닦는 순간 발생한 정전기 불꽃이 유증기[5]로 튀었기 때문입니다. 안 그래도 주유소의 기름통 주변은 유증기로 가득한데, 가연성 연료의 입자 표면적 또한 넓은 상황에서 정전기가 발화점이 되어 순식간에 큰 불로 이어진 것입니다.

입자가 고운 먼지와 정전기가 만나면?

주유소뿐만 아니라 밀가루처럼 입자가 고운 가루를 생산하거나 다루는 공장·회사 등에서도 각별한 주의가 필요합니다. 실내 공기 중에 늘 입자가 고운 가루들이 섞여 떠다니기 때문에 정전기가 발생하면 자칫 큰 화재로 이어질 수 있죠. 왜냐하면 이런 고운 가루는 입자의 표면적이 넓기 때문에 반응속도가 매우 빨라 약간의 정전기로 인한 스파크로도 폭발이 일어날 수 있습니다. 표면적이 넓어짐에 따라 그에 비례해서 반응속도도 빨라지니까요.

예를 들어봅시다. 한 면의 넓이가 A인 정육면체의 입자가 있다고 할 때, 처음의 표면적은 6A가 됩니다. 이것을 반으로 자르면 표면적은 6A에 2A가 더해져 8A가 되죠. 이것들 또 자르면 8A에 2A가 더해져 표면적은 10A가 되고, 한 번을 더 자르면 10A에 2A가 더

---

5. 입자의 크기가 1~10마이크로미터인 기름방울이 마치 안개처럼 공기 속에 분포되어 있는 것을 말한다.

해져 12A가 됩니다. 이렇듯 자를 때마다 표면의 넓이가 계속 넓어지기 때문에 가루처럼 잘게 분쇄할 경우 표면적은 엄청나게 넓어질 수밖에 없는 거죠. 그 결과 정전기에 의한 반응속도 또한 폭발적으로 높아지는 것입니다.

실제로 가전제품 근처나 자동차 안에서 액화천연가스(LPG)가 든 스프레이를 뿌렸다가 폭발이나 화재로 이어지는 사고가 종종 보도되고 있습니다. 전문가들은 가동 중인 가전제품에서는 언제든지 정전기로 인한 불꽃이 발생할 수 있기 때문에 특히 밀폐된 공간에서 가연성 스프레이를 사용하는 것은 매우 위험하다고 경고하고 있습니다. 실제로 한 여성은 에어컨을 청소하려고 청소용 스프레이를 뿌리는 순간 폭발이 일어나는 바람에 양쪽 발에 2도 화상을 입고 말았다고 합니다. 화재원인 조사에 나선 소방당국은 에어컨 청소용 스프레이에 LPG가 채워져 있어 정전기에 의한 스파크로 불이 난 것으로 추정된다는 결과를 내놓았죠. 소방청 화재대응조사과장의 말에 따르면 "스프레이의 내용물을 분사시킬 때 충전된 LPG가 함께 외부로 나오면서 주변의 불씨와 만나면 불이 붙는데, LPG의 착화에너지는 0.26메가줄(MJ)로 아주 작지만 정전기와 만나면 불이 붙을 수 있다."며 "스프레이형 제품은 밀폐되지 않은 공간에서 한 번에 소량씩 사용하되 주변에 점화원이 될 만한 것은 미리 제거해야 한다"고 말했습니다.[6]

이렇게 볼 때, 공중에 입자 형태의 부유물이 잔뜩 떠다니는 곳이라면 작은 불씨에도 정전기로 인한 폭발의 위험은 언제든 일어날 수 있는 것입니다. 정전기로 인한 폭발사고의 위험이 있음을 인지하고 생활 속에서도 주의가 필요합니다. 심지어 매우 심각한 폭발사고로까지 이어질 수도 있음을 잊지 말아야겠죠?

특히 겨울철처럼 실내가 건조한 상태일수록 주기적으로 환기를 잘 시키고, 적정 습도를 유지하는 것은 매우 중요합니다. 예컨대 저항이 큰 물체는 전기가 잘 흐르지 않아서 정전기가 발생하기 매우 쉬우므로 전기가 잘 통하도록 하는 것이 필요합니다. 정전기 방지용품 중 정전기 막대는 전기를 잘 통하게 하는 것으로 전기가 모이지 않게 길을 터주는 역할을 합니다. 이를 응용하여 차를 탈 때는 먼저 차키의 금속 부분을 손잡이에 한 번 대면 그 부분을 타고 전기가 흘러나가 정전기가 방지되죠. 또한 정전기는 습기에 잘 흡수되므로 항상 적절한 습도를 유지하는 것이 좋습니다. 그 밖에도 정전기 방지 스프레이는 정전기를 분산시키는 효과가 있고, 합성섬유보다는 천연섬유의 옷을 입는 것이 정전기 예방에 도움이 된다고 합니다.

....
6. 변해정, 〈벌레 잡으려다 '펑'…스프레이 화재 올해만 6건〉, 《NEWSIS》, 2019.07.10

05

"정말 매일 써도 괜찮을까?" 코팅프라이팬과 과불화옥탄산

코로나 19로 인해 사람이 많이 모이는 밀폐된 공간에는 잘 가지 않게 되다 보니 영화관을 찾는 사람들의 발걸음이 예년에 비해 크게 줄었습니다. 하필 코로나가 가장 창궐했던 어수선한 시기에 개봉하여 조용히 막을 내렸지만, 우리 모두에게 경각심을 일깨울 만한 영화 한 편이 있어 소개할까 합니다. 바로 〈다크 워터스(Dark Waters)〉라는 영화입니다.

이 영화는 실화를 바탕으로 만들어진 것입니다. 탱크에 사용되는 코팅첨가제인 PFOA를 이용하여 프라이팬을 생산하고, 그뿐만 아니라 종이컵이나 유아용 매트 등 우리의 일상에서 자주 사용하는 생필품의 코팅에도 사용된 물질이 실은 기형아 출산 및 암 발병의 원인이 됨을 알면서도 진실을 은폐하기에 급급한 거대 기업과 진실을 알리기 위해 치열하게 싸우는 소수의 이야기였죠.

코팅프라이팬의 은밀한 비밀

여러분도 PTFE(PolyTetraFluoroEthylene), 즉 테플론에 대해 들어본적이 있을 것입니다. 테플론코팅이라는 이름으로도 불리고 있죠. 이 물질은 세계적인 화학 기업인 듀폰이 생산한 물질로, 프라이팬, 종이컵의 코팅제 등으로 널리 사용되었습니다. 아마도 각 가정의 주방에 분명 한두 개 이상 코팅프라이팬을 갖추고 있을 것입니다. 아예 사이즈별로 여러 개를 구비해둔 집도 적지 않습니다. 이 테플론으로 코팅을 하면 음식물이 팬에 잘 눌어붙지도 않고, 타지 않기 때문에 오랫동안 큰 인기를 누려왔습니다. 계란 프라이 하나를 해도 팬의 바닥에 지저분하게 눌어붙지 않고 깔끔하니 특히 주부들의 열광적인 호응을 이끌어냈죠. 비단 프라이팬뿐만 아니라 가정용 전기밥솥이나 요즘 가정에서 인기 있는 에어프라이어의 내부까지도 눌어붙지 않는 테플론 코팅을 한 제품이 많습니다.

주방계의 혁명으로 불리는 테플론 코팅프라이팬의 인기와 함께 과거에는 테플론 제조 시 PFOA가 가공보조제로서 사용되었지만, 유해성 논란과 함께 최근에는 PFOA를 사용하지 않는 제조기술이 개발돼 사용되지 않고 있습니다. 또한 프라이팬 코팅공정 중 일반적으로 430℃ 이상의 고온에서 소성 과정 등을 거치기 때문에 PFOA가 잔류되어 음식물에 검출될 가능성은 매우 낮다고는 하지만, 여전히 찜찜한 마음을 거두기가 어렵습니다. 안전성 검사를 마친 제품이라고 해도 코팅 성분은 고온에서 기화되면 환경호르몬이

$$2\ CHClF_2 \xrightarrow[-HCl]{800°C} CF_2{=}CF_2 \xrightarrow{\text{중합}} \left[\!\!\left[CF_2{-}CF_2 \right]\!\!\right] \cdots\cdots\cdots (1)$$

PTFE
(폴리테트라플루오로에칠렌)

$$\left[\!\!\left[CF_2{-}CF_2 \right]\!\!\right] \xrightarrow{\ \rangle 400°C\ } C \quad + \quad CF_4 \quad + \quad CF_2{=}C\!\!\begin{array}{c} \diagup CF_3 \\ \diagdown CF_3 \end{array} \cdots (2)$$

탄소   CTF   PFIB
(사불화탄소)   (퍼풀루오로이소부틸렌)

PTFE(테플론)의 제조 및 열분해

프라이팬이 과열되며 코팅이 분해되면 불소수지(Fluoroplastics, Fluorine Contained Polymers, Fluorocarbon Poltymers) 가 고온에서 기화되어 환경호르몬이나 발암물질이 발생하기 때문에 주의가 필요하다.

나 발암물질이 발생하므로 사용에 있어서는 여전히 주의가 필요합니다. 일반적으로 약 250℃ 정도로 튀김이나 볶음을 요리하는 경우라면 큰 문제가 없기는 하지만, 만약 음식물 없이 빈 프라이팬을 가열하거나 적정 온도 이상 과도하게 가열할 경우 불소수지가 분해될수도 있습니다. 이 과정에서 여러 가지 분해산물이 나오는데, 특히 PFIB(퍼풀루오로이소부틸렌)는 치사율이 높고 냄새조차 없어 위험한 물질입니다. 그래서 이 코팅프라이팬을 사용할 때는 항상 창문을 열어 환기가 잘 되게 해야 합니다.

만약 프라이팬이 과열되면서 코팅이 분해되면서 여러 가지 물질로 떨어져 나옵니다. 유해물질인 과불화화합물 또한 팬에서 분해되어 나와 조리되는 음식물과 섞이고, 또 그것을 섭취하는 과정에서 몸속으로 들어오거나 아니면 연기로 흘러나와 공기에 섞여 호흡을 통해 우리 몸속으로 들어올 수도 있습니다. 그리고 이는 잘 녹지 않아 몸속 지방이 많은 곳에 자연스레 쌓이게 됩니다. 이러한 물질은 반감기 또한 길어 쉽게 배출되지 않고 몸속에 오랫동안 잔류하며 이런저런 영향을 미치죠. 심지어 요리하는 동안 노출되어 흡수된 이러한 유해물질이 임신한 엄마를 통해 태아에게 전달되거나 모유를 통해 아기에게 전달이 되기도 한다니 참으로 심각한 문제입니다.

우리 몸에 독성물질이 차곡차곡 쌓여가고 있다!?

좀 더 섬뜩한 이야기를 해볼까요? 우리나라 국민의 혈중 PFOA를 검출하였더니 연령이 높을수록 PFOA 농도 또한 높게 나타났다고 합니다. 이러한 사실을 통해 이 물질이 우리 몸에 들어오면 잘 배출되지 않고 계속 축적되는 것을 알 수 있습니다. PFOA의 유해성이 보고되면서 미국환경보호국(EPA)이나 유럽연합(EU), 경제협력개발기구(OECD) 등은 과불화화합물의 생산과 사용 판매 시 규제를 하고 있습니다. 하지만 현재까지도 콘택트렌즈, 에어프라이기, 아기용 매트에 이르기까지 우리의 생활 곳곳에 구석구석 퍼져 있습니다.

테플론코팅은 마우스 바닥과 햄버거포장지, 코팅된 일회용 종이컵에도 사용되고, 산업체에서도 베어링 등 기계 밀폐 재료로 파이프 이음새에 사용하는 용품들에 사용되며 절연성도 가지고 있어 컴퓨터나 항공기의 연결 부품 재료로 사용하기도 합니다. 또 우리가

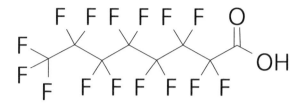

PFOA의 분자식

과불화옥탄산(PFOA)은 과불화화합물(PFCs)의 한 종류로 탱크에 사용되는 코팅 첨가물질이
지만, 오랜 시간 유해성이 간과된 채 생활용품에도 광범위하게 사용되어왔다.

입는 의류 중에서도 통기가 잘 되면서 방수와 방한이 되는 고어텍
스 소재에도 널리 사용되고 있죠. 그래서 아웃도어 제품을 생산하
는 공장 주변의 하천이나 심지어 아웃도어를 판매하는 매장 내에서
도 과불화화합물들이 검출되고 있다고 하니 참으로 걱정스러운 일
이 아닐 수 없습니다.

앞서 잠시 언급한 것처럼 이러한 테플론코팅 제품들의 대부분이
긁힘에 예민하고 철제 조리도구를 사용하면 얇게 코팅된 면에 미세
한 흠집들이 쉽게 생기는 단점이 있죠. 아마 많은 가정에서도 조리
도구가 팬에 닿지 않게 하려고 살짝살짝 조심하면서 사용하고 있을
것입니다. 하지만 아무리 조심해도 시간이 지나서 프라이팬을 보면
언제 그랬는지 여기저기 상처들이 나 있습니다. 그만큼 코팅이 잘
벗겨지고 흠집이 잘 생기는 것이 단점이죠. 그렇게 생긴 흠집 사이
로 떨어져나온 테플론 성분이 음식물에 스며들 수 있고, 심지어 팬
을 만드는 재료인 알루미늄이나 함께 들어간 다른 유해한 중금속

성분까지 쉽게 녹아 나올 수도 있는 것입니다.

지금 주방에 들어가서 프라이팬들을 한번 꼼꼼히 살펴보면 어떨까요? 코팅이 조금이라도 긁히거나 벗겨진 경우에는 아깝더라도 과감하게 버리는 것이 좋습니다. 그래야 우리 몸에 해로운 물질이 쌓이는 것을 조금이라도 줄일 수 있을 것입니다. 어쩔 수 없이 코팅 프라이팬을 사용해야 한다면 다음과 같은 점에 주의해야 합니다. 우선 코팅프라이팬에서 조리를 할 때는 코팅이 벗겨지지 않도록 목재, 합성수지제 등 부드러운 재질의 뒤집개나 조리도구를 사용하며, 금속으로 만든 뒤집개나 날카로운 조리도구는 피해야 합니다. 또한 프라이팬이 비어 있는 상태로 오래 가열하면 온도가 급상승하기 때문에 이로 인해 코팅이 훼손되기 쉽습니다. 그리고 요리할 때 스테인리스프라이팬이나 강철프라이팬 등을 병용함으로써 코팅프라이팬의 사용횟수를 줄이는 것도 방법입니다.

하나 더 덧붙이고 싶은 것이 있습니다. 그것은 바로 PFOA free라는 문구가 들어간 제품에 대해 너무 안심해서는 곤란하다는 주의사항입니다. 자칫 이런 문구만 믿고 안전문제가 전혀 없을 거라고 착각할 수 있기 때문이죠. 이러한 제품은 단지 검사 단계에서 기준치 미만이 나왔다는 의미일 뿐, 원료 자체를 사용하지 않은 'Without PFOA'가 아닙니다. 따라서 이러한 제품이라고 무작정 안심해서는 곤란합니다. 우리 모두에게 위험한 물질인 과불화화합물을 주변 어디서든 너무 쉽게 찾을 수가 있다는 현실이 그저 안타깝고 놀라울 뿐입니다.

그마나 지금이라도 다행인 것은 이렇게 여러 생활용품에 많이 사용되어온 PFOA가 앞으로는 수입과 유통이 전면 금지된다는 점입니다. 2019년 7월 국제협약인 '스톡홀름협약(Stockholim Convention on Persistent Organic Pollutants)'에서 PFOA뿐만 아니라 PFOA로 변환될 수 있는 화합물 174종을 모두 금지물질로 규정했기 때문이죠. 이 스톡홀름협약은 잔류성유기오염물질(POPs)에 대한 국제적 규제를 위해 2001년 5월에 채택해 2004년 5월 발효된 협약입니다. 앞으로도 유해물질에 관해서는 한층 더 엄격한 규제가 마련되어야 할 것이며, 나아가 기존 피해자들에 대한 구제 방안에 관해서도 함께 머리를 맞대고 적극적인 대책 마련을 강구해야 할 것입니다. 왜냐하면 우리 중 어느 누구도 유해물질로 인한 피해에서 완전히 자유로울 순 없으니까요.

06

"나의 그날이 위험하다!" 일회용 생리대의 배반

성숙한 여성이라면 주기적으로 자궁에서 출혈 현상이 일어납니다. 이를 가리켜 월경이라고 하죠. 즉 초경을 시작해서 완경에 이르기까지 가임기 여성들은 매월 월경을 합니다. 생리기간을 7일로 잡고 평균 월경기간이 30년 정도라고 가정하면, 여성들은 평생 약 60,480시간 동안 생리대를 착용해야 한다는 계산이 나옵니다. 여기에 생리 전후와 평상시에도 속옷처럼 사용하는 팬티라이너까지 감안한다면 거의 매일 일회용 생리대와 팬티라이너를 사용하고 있는 것입니다. 이렇듯 생리대는 여성에게 없어서는 안 될 주요 생활필수품이지만, 가격이 일본이나 미국에 비해서도 2배 가까이 비싼 편입니다. 그런데 몇 년 전 생리대의 높은 가격은 둘째 치고, 안전성마저 의심할 수밖에 없는 중대 사건이 벌어졌죠. 바로 발암물질 생리대 논란입니다.

안전과 맞바꾼 편리

식약처에서 국내 유통된 여성의 생활필수용품인 생리대에 대해 VOCs(휘발성유기화합물) 10종 함유량을 검사하는 과정에서 발암물질이 검출되면서 유해성 논란이 뜨거웠습니다. 필자 또한 여성의 한 사람으로서 참으로 섬뜩한 논란이 아닐 수 없었습니다. 그런데 생리대뿐만이 아닙니다. 아기들이 사용하는 기저귀의 안전성 문제 또한 함께 제기되었습니다.

사실 예전에는 일회용 기저귀보다는 각 가정에서 천연섬유인 면을 잘라서 기저귀를 직접 만들고 고무줄로 묶어 채워주었습니다. 아주 오래전에는 생리대도 마찬가지로 천을 잘라서 직접 만들어서 사용했다고 합니다. 천으로 만든 기저귀나 생리대는 유해물질이 검출될 걱정은 없었지만, 천 기저귀는 아이가 한 번만 볼일을 봐도 축축해지며 겉옷까지 젖을 수 있기 때문에 바로 바꿔줘야 합니다. 게다가 큰일이라도 보게 되면 뒤처리와 세탁도 보통 성가신 일이 아니었죠. 천으로 만든 생리대 또한 세탁이나 관리 면에서 일회용 생리대의 편리함을 도저히 따라갈 수 없죠.

반면 일회용 기저귀나 생리대는 내장된 흡수체 때문에 강력한 흡수력을 자랑합니다. 일회용 기저귀는 아기들이 수차례 쉬해도 보송보송함이 유지되고, 뒤처리 또한 천 기저귀와 비교할 수 없을 만큼 편리합니다. 이러한 편리함 때문에 이제 천 기저귀를 만들어 사용하는 경우는 찾아보기 어렵습니다. 불과 수십 년 사이 아기를 키우는 가정에서 일회용 기저귀는 필수품으로 자리잡았죠. 일회용 생리대의 경우도 혈을 바로 흡수하여 쾌적함을 유지시켜주고, 샘 방지막이 있어 밖으로 피가 새지 않도록 막아줍니다. 생리대든 기저귀든 이제 우리의 일상생활과 떼려야 뗄 수 없는 필수품이 된 마당에 안전성 논란이 끊이지 않고 있는 것은 참으로 안타깝고 심각한 문제가 아닐 수 없습니다.

생리대의 구조를 알아보자

생리대를 펼치면 맨 위는 표지층으로 순면이나, 부직포 또는 폴리에틸렌필름이 사용됩니다. 그 아래는 표지층에서 내려온 생리혈을 흡수하는 고분자섬유 부직포 아래에 펄프와 흡수성 고분자흡수체인 SAP(Super Absorbent Polymer)[7]라는 물질이 들어 있죠. 오줌이나 생리혈은 바로 이 SAP에 흡수됩니다. 겉에서 손으로 만져도 작고 미끌미끌하고 몽글몽글한 흡수체가 만져집니다. 이것은 현재 유아용이나 성인용 기저귀 그리고 동물용 기저귀에도 사용되고 있죠. 조금만 사용해도 흡수 효과가 뛰어나서 SAP의 사용으로 기저귀의 두께가 상당히 얇아졌습니다. SAP 말고도 순면흡수체, 우드펄프흡수체 등 여러 가지 흡수체가 있습니다. 그 아래로는 또 펄프가 들어

....
7. 자기 무게의 수십 수백 배의 물을 흡수할 수 있다는 물질

표지층
순면, 고분자섬유 부직포
또는 표지용 폴리에틸렌 필름

흡수층
고분자섬유 부직포,
면상펄프(목재펄프),
고흡수성 고분자(SAP),
흡수지(목재펄프)

방수층
폴리에틸렌 필름(통기성 방수막),
접착제(하이드로카본수지+SBC열가소성 고무수지)

일회용 생리대의 구조
일회용 생리대는 크게 표지층과 흡수층 그리고 방수층으로 나누어져 있다.

있고, 흡수된 생리혈이 속옷에 묻지 않도록 막아주는 방수층이 있으며, 맨 아래 바닥에는 생리대를 속옷에 고정시키기 위한 접착제가 있습니다. 그렇다면 이러한 요소 중에서 대체 어떤 성분이 문제가 되고 있는 걸까요?

우선 SAP라는 고분자흡수체는 수분을 흡수하는 경향이 강한데, 직접 몸에 닿지는 않지만 생리혈에 의해 닿아 축축해져 우리 몸에 닿을 수도 있다는 의견들도 있습니다. 특히 생식기 쪽은 다른 부위에 비해 독소 흡수율이 높아 약간의 접촉에도 민감할 수 있다는 의견입니다. 그리고 생리대 안에 부직포 폴리에틸렌필름이나 생리대를 속옷에 고정시키는 데 사용되는 접착제도 문제 성분으로 제기되었습니다. 접착제는 일반적으로 '석유계 수지'와 'SBC 열가소성 고무수지'가 같은 비율로 들어가는데, 이를 '핫멜트 접착제(HMA, Hot melt Adhesive)'라고 부릅니다. 이 HMA는 평소에는 접착력이 없는 고체로 만들어두었다가 사용할 때 열을 가하여 녹여서 사용하는 접착제입니다. 비슷한 예로 글루건 스틱을 생각하면 됩니다. 이것은 기본 중합체(base polymer)와 점착제용 수지(tackifying resins) 그리고 왁스(wax)를 주 원료로 하여 만들죠. 용도에 맞게 수지의 물성을 조절하여 최적의 접착력을 발휘하도록 합니다. 이런 수지에는 에틸렌-초산비닐계, 폴리올레핀계, 스티렌블록공중합체, 폴리아미드계, 폴리에스테르계, 우레탄계 등이 있는데, 생리대의 접착물질로 사용되어 논란이 된 물질은 SBC스티렌블록공중합체입니다. 그런데 이것은 '스타이렌'과 '부타디엔'의 SBC스티렌블록공중합체로 이 안에 반응이 덜 된 '올리고머'[8]가 포함되어 있을 가능성과 세계보건기구(WHO)에서 스타이렌과 부타디엔을 발암물질로 규정한 것 때문에 논란이 생긴 것으로 보입니다. 하지만 이미 중합시킨 중합체를 사용하였고, 게다가 이 SBC중합체는 현재 WHO가 규정한 발암물질에 속하지는 않는다고 확인되었죠.

또 속옷과의 접착을 위해 사용된 접착제에서도 인체에 유해한 성분인 VOC(Volatile Organic Compounds) 성분들이 꽤 발견된 것으로 알려졌습니다. 즉 벤젠과 톨루엔, 자일렌, 스타이렌 등 여러 종류의 휘발성 유기물이 들어 있어 휘발성 유기화합물의 총량을 나타내는 TVOC(Total Volatile Organic Compounds)의 값이 결코 작지 않다고 합니다. 휘발성유기화합물이란 액체나 고체 표면에서 분자가

....
8. 올리고머란 수개에서 수십 개의 단량체가 연결된 분자를 말한다.

잘 떨어져 나와 끓는점이 낮아 대기 중에서 액체나 기체로 쉽게 변하는 액체 또는 기체상의 유기화합물을 총칭합니다. 쉽게 말해 향수를 내 손목에만 묻힌다고 내 손에서만 향기가 나는 것은 아니죠? 향을 구성하는 입자가 주위로 퍼져나가니까요. 그런데 이러한 성분들은 보통 페인트나 건축자재 접착제 등에서나 검출되는 것들입니다. 소위 새집증후군을 유발하는 물질과 다르지 않다는 거죠. 특히 톨루엔과 스타이렌 등의 경우 생리주기 이상 등을 일으키는 생식독성 물질로 알려져 있어 더욱 심각합니다.

어쩌자고 생리대에 이런 성분이!?

이런 유해한 물질이 다른 곳도 아닌 민감한 신체부위와 바로 밀착되는 생리대에 대체 왜 사용된 걸까요? 이런 물질들은 우리의 호흡기를 통해 들어왔을 때나 피부를 통해 몸으로 흡수가 되면 피로감이나 구토 현기증 같은 증상을 일으키는 일종의 내분비계 교란물질로 알려져 있습니다. 상식적으로는 이런 성분을 사용했다는 것이 도무지 이해되지 않지만, 생리대 안에 휘발성 유기화합물이 생식기를 통해 나타나는 변화나 우리 몸에 미치는 영향에 관한 메커니즘은 아직까지 정확한 연구가 이루어지지 않은 상태입니다. 또한 발암물질 생리대 논란 후 식약처에서는 "생리대를 하루 7.5개씩 월 7일 평생 써도 안전"하다고 조사 결과를 내놓기도 했죠.[9] 시판 중인 생리대 666종과 기저귀 5종을 대상으로 한 VOCs평가 결과였습니다. 하지만 이러한 결과 발표에도 불구하고 소비자들은 여전히 불안하기만 합니다. 해당 사건이 터진 후에 '생리컵'이나 빨아서 쓰는 생리대가 반짝 인기를 얻기는 했지만, 일회용 생리대의 편리함을 따라갈 수 없다 보니 여전히 많은 여성들이 찜찜한 마음을 뒤로한 채 일회용 생리대를 사용하고 있습니다. 업체들은 이러한 심리를 이용해 '순면' 또는 '유기농'이라는 카피를 앞세워 기존보다 가격을 훌쩍 높인 고급 생리대들을 속속 출시하고 있죠. 하지만 이러한 제품들이 실제로 안전한지는 둘째 치고, 기존 생리대 가격도 결코 만만치 않은 상황에서 특히 취약층 청소년들에게 유기농 고급 생리대는 그저 그림의 떡일 뿐인 것이 안타깝습니다.

생리대를 고를 때 좀 더 안전하게 고를 수 있는 몇 가지 팁을 제안하면, 불쾌한 냄새를 잡아준다며 인공향이 첨가된 생리대는 피하는 것이 좋습니다. 왜냐하면 향이 들어간 제품일수록 휘발성 유기화합물 수치가 상대적으로 더 높기 때문이죠. 또한 지금으로서는 화학물질이 적게 들어간 무표백펄프나 면솜 등이 들어간 제품을 쓰는 것이 조금이나마 안전하게 사용하는 방법일 것입니다. 그리고 식약처에서 제공하는 인터넷사이트 '의약품안전나라'[10]에서 내가 사용하는 생리대의 성분을 찾아서 직접 확인할 수도 있으니 조금이라도 유해성이 덜한 생리대를 직접 찾아보는 노력도 필요합니다.

....
9. 신재우, 〈식약처 "시중 생리대·기저귀 안전... 인체 위해 우려없다"〉, 《연합뉴스》, 2017.09.28.
10. 사이트주소는 https://nedrug.mfds.go.kr/index이다.

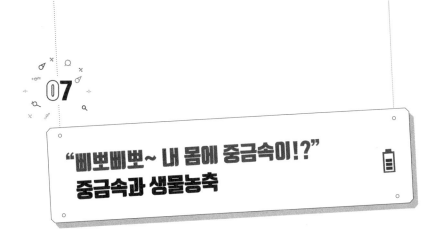

07

"삐뽀삐뽀~ 내 몸에 중금속이!?" 중금속과 생물농축

여러분은 생선을 좋아하나요? 회로 먹어도, 구워 먹어도 맛좋고, 튀겨 먹어도, 탕으로 끓여 먹어도 참 맛좋은 생선입니다. 아, 생선보다는 고기를 더 좋아한다고요? 물론 고기도 맛있죠. 분명한 건 대체로 채소보다는 생선이나 고기를 더 맛있게 느낍니다.

포화지방과 불포화지방

우리가 채소보다 생선이나 고기를 더 맛있게 느끼는 주요 이유 중하나는 바로 생선이나 고기 안에 들어 있는 지방 성분의 영향 때문이기도 합니다. 그런데 지방이라고 다 같은 것은 아닙니다. 고기와생선의 지방 성분에는 큰 차이가 있죠. 고기의 지방은 대체로 포화지방인 것과 달리 생선의 지방은 불포화지방이니까요.

포화지방과 불포화지방. 둘의 차이는 무엇일까요? 포화지방과 불포화지방 모두 탄소(C), 수소(H), 산소(O) 등 세 원소가 연결된 구조를 나타내는 지방분자인 것은 동일합니다. 하지만 이중결합 여부에 따라 포화지방 또는 불포화지방으로 나눌 수 있죠. 즉 포화지방의 경우 탄소가 수소를 더 이상 받아들일 수 없는 상태이며, 불포화 지방은 한 개 이상의 이중결합을 포함하는 구조를 이루고 있습니다.

포화지방은 용해점이 높기 때문에 실온에서는 딱딱하게 굳어 있습니다. 삼겹살을 굽고 나서 조금만 지나도 굳어버리는 돼지기름을 떠올리면 이해하기 쉬울 것입니다. 포화지방은 우리가 체온을 일정하게 유지할 수 있게 해주고, 외부의 충격에서 우리의 몸을 보호해주는 역할을 하는 등 나름대로 우리 몸에서 중요한 쓰임새가 있습니다. 다만 다량으로 섭취할 경우 몸에 여기저기 불필요한 곳에 쌓이고 또 잘 배출되지도 않습니다. 지방간 위험을 높이고, 콜레스테

포화지방산과 불포화지방산의 분자구조
포화지방산은 탄소가 단일결합으로 수소를 더 받아들일 수 없이 수소와 결합구조를 이루지만, 불포화지방산은 탄소가 한 개 이상의 이중결합을 포함하고 있는 구조를 이룬다.

롤이나 중성지방을 높이죠. 비만을 일으키거나 혈관에 쌓이며 온갖 심혈관계 질환을 일으키기도 합니다.

이와 달리 불포화지방은 녹는점이 낮아 실온에서 액체로 존재할 가능성이 높고, 혈액 내에서도 액체 상태를 유지합니다. 우리 스스로 합성할 수 없어 반드시 섭취해서 얻어야 하므로 '필수지방산'이란 이름으로 불리며, 이 또한 불포화지방산들로 이루어져 뇌와 신경세포, 망막을 이루고, 우리 뇌세포의 생화학반응에도 관여하죠. 생선이 건강에 좋다는 이야기는 많이 들어보았을 거예요. 그건 생선의 기름 안에는 이와 같은 불포화지방산이 들어 있기 때문이죠. DHA라는 성분에 대해 알고 있지요? 아마 어릴 때부터 먹으면 머리가 좋아지는 성분으로 들어왔을 것입니다. 생선에는 불포화지방인 오메가-3지방의 일종으로 뇌를 구성하는 필수 성분이며, 망막 건강에도 으뜸인 도코사헥사엔산(docosahexaenoic acid), 즉 DHA가 다량으로 함유되어 있습니다. 심지어 생선에는 필수아미노산까지 풍부하게 들어 있다고 합니다.

생물농축이 뭐지?

포화지방과 불포화지방을 이렇게 비교하니 어쩐지 고기는 매일 먹으면 건강에 해로울 것 같고, 생선은 의무적으로라도 매일 꼭 챙겨먹어야 할 것 같은 기분이 듭니다. 그런데 안타깝게도 현대를 살아가는 우리는 몸에 좋은 생선을 섭취하는 데도 약간의 주의가 필요합니다. 왜냐고요? 바로 **생물농축**(biological concentration) 때문입니다.

앞서 미세플라스틱에 관해 이야기하면서 생물농축에 관해 잠시 언급한 적이 있습니다. 생물농축이란 먹이사슬관계에 따라 먹고 먹히는 과정에서 분해나 배출이 되지 못한 채 상위생물들에게 특정 물질이 계속 쌓이면서 전달되어가는 것을 말합니다. 현대의 해양오염은 매우 심각한 수준임을 잘 알고 있을 것입니다. 앞서 이야기했던 미세플라스틱을 포함하여 바닷물로 유입된 다양한 유해물질들과 중금속은 바다 생물들의 환경과 먹이도 함께 오염시키고 있습니다. 그런데 덩치가 큰 물고기일수록 이러한 유해물질과 중금속의

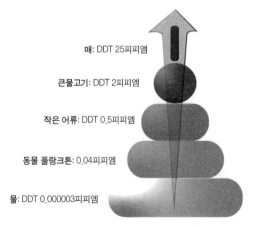

최상위 단계에서 DDT는 거의 천만 배로 농축!

매: DDT 25피피엠

큰물고기: DDT 2피피엠

작은 어류: DDT 0.5피피엠

동물 플랑크톤: 0.04피피엠

물: DDT 0.000003피피엠

먹이사슬과 DDT의 생물농축
상위포식자로 갈수록 오염물질의 농축이 가중되는 것을 확인할 수 있다.

농축이 심해집니다. 예컨대 바닷물에 살고 있는 플랑크톤들은 영양을 섭취하는 과정에서 바닷속 오염물질도 함께 섭취하죠. 그리고 이 플랑크톤들을 작은 물고기가 섭취하면 몸속에 유해물질과 중금속 농도가 바닷물보다 진해지고, 다시 그 물고기를 먹은 큰 물고기의 몸에는 더 진한 농도로 쌓이겠죠. 이렇듯 상위 단계로 갈수록 농축 정도가 심해지는 것을 '생물농축'이라고 합니다.

DDT를 예로 들어봅시다(178쪽 그림 참조). 물속에 용해되어 있는 독성 물질인 DDT를 1차 생산자, 즉 해조류나 플랑크톤이 흡수나 흡착하게 됩니다. 이것을 포식자인 작은 물고기가 잡아먹으면서 독성 물질의 농도는 10배 이상 농축되죠. 또 작은 물고기를 더 큰 물고기가 먹게 되면 작은 물고기 체내에 쌓인 독성 물질이나 오염물질도 함께 섭취하며 큰 물고기의 몸속에 더 짙은 농도로 쌓이게 됩니다. 결국 마지막 상위 포식자인 고래나 인간, 덩치가 아주 큰 생선의 경우처럼 먹이사슬 단계를 몇 단계 거치는 과정에서 처음 물속에 용해된 상태와 비교할 수 없을 만큼 독성 물질이 농축되는 상황이 발생하는 거죠. 이것이 바로 생물농축의 메커니즘입니다. 생물농축을 일으키는 물질로는 Pb(납), Cd(카드뮴) 등의 중금속과 DDT 등이 있습니다. 일본에서는 수은중독으로 인해서 미나마타병이 발생했습니다. 그리고 카드뮴중독으로 생기는 이타이이타이병 또한 중금속에 의한 생물농축 현상으로 볼 수 있습니다.

앞서 말한 것처럼 생선들이 기본적으로 가진 성분들은 영양학적으로 굉장히 우수합니다. 우리가 생선을 섭취할 때 우수한 영양 성분도 함께 섭취하게 되죠. 하지만 안타깝게도 생선 속에 쌓여 있는 해로운 오염물질도 함께 섭취할 수밖에 없습니다. 먹이사슬을 거치며 쌓이는 농축 현상을 막을 수 없기 때문이죠. 그렇기 때문에 참치처럼 큰 생선을 섭취할수록 중금속 오염도는 상대적으로 더 높을 수밖에 없습니다. 게다가 이러한 오염물질들은 한번 몸속으로 들어오면 체내에 스며들어 밖으로 잘 배출되지 않습니다.

먹지 않으려니 생선의 영양 성분이 너무 우수하고, 한편으론 먹을수록 오염물질의 체내 축적이 계속 증가할 수밖에 없기 때문에 지금으로서는 먹는 횟수와 먹을 때 그 양을 조절하는 것이 최선입니다. 깨끗한 바다와 강물에서 사는 물고기를 마음껏 먹을 수 있도록 앞으로는 내 몸처럼 환경도 아끼고 소중히 여겨야 하지 않을까요? 그래야 앞으로 우리가 건강하게 살 수 있을 테니까요. 아는 만큼 보인다는 말도 있습니다. 여러 가지 과학 원리를 이해하며 쌓아가는 지식이나 상식은 우리 자신과 가족을 보호하는 강력한 힘이 될 것입니다.

08

"흐물흐물, 쫀득쫀득~" 액체괴물은 환경호르몬 덩어리?

딱딱하게 형태가 굳어 있는 것도 아니고, 그렇다고 물처럼 졸졸 흐르는 것도 아닙니다. 주체하기 어렵고 어쩐지 통제할 수 없는 자유분방함이 넘치는 점액질 같은 물질, 여러분도 한번쯤은 바로 이 액체괴물을 가지고 논 적이 있을 것입니다. '슬라임'이라고도 부르는 이것은 고체도 액체도 아닌 물성으로 쉽게 늘어나고 뭉쳐지고, 또 가만히 두면 서서히 흘러내리는 점성도 가지고 있으며, 한편으론 쫀득한 탄성도 가지고 있습니다. 이러한 다양한 성질 때문에 액체괴물은 어린이부터 청소년 모두에게 인기 있는 재미있는 놀잇감입니다. 처음 액체괴물은 공포영화에서 징그러우면서 끈적끈적한 효과를 주는 데 주로 사용되던 소품 같은 것이었습니다. 그런데 1970~1980년대에 장난감회사들이 이를 상품화하면서 대중적으로 보급되었죠.

생활용품 곳곳에 파고든 CMIT

액체괴물을 주물럭거리면 말랑말랑하면서 탱탱한 특유의 촉감 때문에 심리적인 안정을 얻는 효과도 있다고 합니다. 그래서 그런지 어른들도 액체괴물을 한번 만지면 중독을 부르는 촉감에 빠져 쉽게 손을 떼기 어렵습니다. 그런데 세대를 막론한 인기템 액체괴물의 인기에 제동이 걸리고 말았습니다. 바로 액체괴물 속에서 유해물질이 검출되었다고 하는 보도 때문이었죠.

환경부에서 조사한 결과 시판 중인 액체괴물 14종에서 프탈레이트와 클로로메틸이소치아졸리논(CMIT)이 기준치를 초과하여 나타났다고 합니다. 프탈레이트는 플라스틱을 부드럽게 하는 화학 성분으로 현재 환경호르몬 추정물질로 분류된 성분입니다. 프탈레이트는 액체괴물뿐만 아니라 플라스틱으로 된 장난감에도 많이 들어 있죠. 하지만 플라스틱의 유연성을 높여주는 프탈레이트 가소제는 환

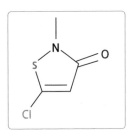
5-Chloro-3-methylisothiazol-3(2H)-one

CMIT의 분자구조
클로로메틸이소치아졸리논은 가습기 살균제 속 유해 성분으로도 알려진 물질로 일종의 방부제이다.

경호르몬이 많이 검출되고 있어 각별한 주의가 필요합니다.

CMIT는 가습기 살균제 속의 유해 성분으로도 알려진 물질로 미생물의 증식을 방지하거나 지연시키는 일종의 방부제입니다. 수용성이며 휘발성이 강하고, 일정 농도 이상으로 노출되면 호흡기와 눈 등에 자극을 주게 되죠. 치약(한국은 제외)이나 화장품, 샴푸, 물티슈 등 다양한 생활화학제품에 사용되고 있습니다. 가습기 살균제 사건 이후 유독물질로 지정되기는 했지만, 아직까지도 전면 사용 금지 대상으로 지정된 것은 아닙니다. 특히 CMIT는 폐 흡입 시 좋지 않고, 반복적으로 노출되면 신체방어기전 발달을 저해하여 유해물질을 해독 및 배출하는 기능을 약화시켜 독소가 체내에 잔류하게 됩니다. 한창 성장기의 어린이와 청소년이라면 환경호르몬이 훨씬 더 치명적인 영향을 미칩니다. 예컨대 환경호르몬은 성조숙증이나 생식기능의 저하 및 성장장애를 일으키기도 하니까요.

액체괴물, 너의 정체가 궁금해!

액체괴물, 즉 슬라임의 인기가 높아지면서 처음엔 제조된 상태의 액체괴물만 나오다가 점차 자기가 만들고 싶은 대로 여러 가지 다른 색소나 구슬, 플라스틱 여러 가지 재료들을 첨가한 다양한 액체괴물들이 등장하고 있습니다. 알록달록한 색깔은 물론 점성까지 슬라임의 종류는 무궁무진합니다.

그럼 과연 이 재미있는 물질의 정체를 본격적으로 살펴볼까요? 액체괴물, 즉 슬라임은 길고 탄력 있는 분자의 사슬로 이루어진 일종의 고분자화합물입니다. 만지면 쫀득쫀득한 탄성은 바로 고분자물질이기 때문이죠. 액체괴물 말고도 탄성을 가진 것들은 보통 고분자물질이 많습니다. 고분자란 단위체(monomer)라고 불리는 분자들여러 개가 공유결합을 해서 덩치가 큰 폴리머(polymer), 즉 중합체(重合體) 분자를 만들죠. 일반적으로 분자량이 10,000 이상인 것을 고분자라고 부릅니다. 그래서 고분자화학물질의 명칭 앞에는 주로 폴리(poly-)가 붙어 있는 거죠. 여러분도 들어본 적이 있는 폴리에틸렌, 폴리프로필렌, 폴리염화비닐 등처럼 앞에 폴리가 붙어 있는 것들이 바로 단위체들이 결합한 폴리머들인 것입니다. 슬라임 외에도 우리가 평소에 자주 접하는 비닐, 페트병이나 빨대, 고무줄 등 생활용품들은 모두 고분자화합물입니다. 또한 음료수병, 도시락통, 펜, 지우개 역시 고분자들로 이루어진 것들입니다.

슬라임을 만들 때 필요한 재료는 PVA와 붕사라 불리는 붕산나트

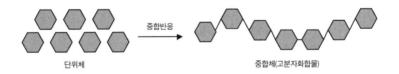

단위체   중합반응 →   중합체(고분자화합물)

고분자물질
단위체라 불리는 분자들이 여러 개 공유결합을 하면 덩치가 큰 폴리머 분자를 만든다. 분자량이 10,000 이상이면 고분자라고 부른다.

륨입니다. PVA(폴리비닐알코올)와 붕사(붕산나트륨)를 결합시키면 비닐알코올이 반복되는 구조를 갖고 있는 고분자가 만들어지며, 붕산나트륨이 PVA들 사이사이로 들어가는 중합반응을 통해 결합하며 굳어집니다. 즉 붕사 사이가 일종의 거대한 사슬로 연결되면서 슬라임처럼 쫀득한 탄성이 있는 고분자 폴리머인 플러버(flubber)가 되는 거죠.

이제 액체괴물의 성분과 특유의 쫀득한 탄성의 비밀은 밝혀진 셈입니다. 그런데 액체괴물의 성분 중 무엇이 인체에 유해한 영향을 미친다는 걸까요? 액체괴물의 주요 성분인 폴리비닐알코올 (PolyVinyl Alcohol)은 PVA 또는 PVOH로 불리며, 물에 녹는 독특한 플라스틱 수지입니다. 접착 성능과 필름 형성 능력이 있고, 무독성 및 화학적 안정성 등이 우수하여 접착, 코팅, 제지, 섬유, 도료 등 다양한 분야에 널리 활용되고 있죠.

사슬구조의 PVA   붕사이온   그물구조의 PVA, 붕사 혼합체   물

PVA와 붕사의 반응
PVA는 비닐알코올이 반복되는 구조를 가진 고분자이다. PVA 사이로 붕사용액이 끼어들면서 굳어지는 원리이다. 붕사 사이는 거대한 사슬로 연결되므로 탄성이 있는 플러버가 된다.

흥미만 앞세운 위험천만 과학실험

한편 붕사의 경우 천연에서는 무색 결정구조의 광물이지만, 인공적으로 만들 때는 붕산의 수용액에 탄산나트륨을 첨가하여 가열하면 무색의 붕사를 만들 수 있습니다. 또 붕사는 주로 유약, 특수유리, 세제 등에 사용되는데, 물에 녹인 붕사 수용액은 강알칼리성을 띠기 때문에 우리 피부단백질을 녹일 수도 있습니다. 특히 피부가 여리고 약한 어린이의 경우 화학적 화상을 입을 수 있죠. 오랜 시간 주무르면서 가지고 놀수록 피부에 닿는 면적이 커지고, 노출시간이 길어지면 자연히 피부에 부담이 될 수밖에 없습니다. 10분 이상 오래 만지는 것은 좋지 않고, 만진 후에는 반드시 손을 깨끗이 씻어야 합니다.

또한 슬라임의 제작 과정에는 폴리비닐알코올과 붕사뿐만 아니라 색소나 다양한 모양과 색 그리고 질감을 위해 '파츠'라고 불리는 여러 가지 구슬, 스팽글, 다채로운 모양의 소형 완구류 장식품 등을 첨가합니다. 그런데 이렇게 서로 다른 여러 가지 물질들을 섞는 과정에서 여러 가지 다른 성분들의 조합과 함께 예기치 못한 물질들이 만들어질 가능성이 있습니다. 특히 슬라임 속에 들어가는 소형 완구류에는 플라스틱의 무르기를 조절하는 프탈레이트계 가소제가 첨가되어 있는데, 이 또한 환경호르몬의 일종으로 장시간 노출되면 생식기의 이상이나 성조숙증 등의 악영향을 줄 수 있죠. 그리고 프탈레이트계 가소제 성분이 들어간 것을 어린 아이들이 무심코

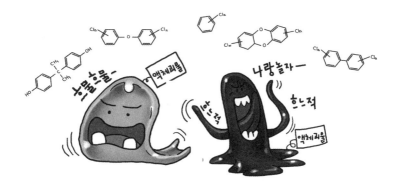

액체괴물의 수상한 비밀
액체괴물의 제작 과정에는 피부에 부담을 줄 수 있는 폴리비닐알코올과 붕사 등이 포함되어
있기 때문에 오래 만지는 것은 좋지 않고, 사용 후 반드시 손을 깨끗이 씻어야 한다.

입에 넣을 경우 유해 성분이 용출되어 입안에 녹아들 수 있기 때문
에 더욱더 주의가 필요합니다.

특히 요즘 들어 유튜브나 검색엔진을 통해 다양한 종류의 과학실
험을 검색하고 실제로 따라해 보는 경우도 적지 않습니다. 직접 해
봄으로써 적극적으로 호기심을 해결하고 창의성을 키우는 점에서
보면 고무적이지만, 사용되는 재료나 약품에 대한 주의사항 없이
무분별한 실험들이 이루어지는 경우도 꽤 있어 심히 우려가 됩니
다. 필자 또한 유튜브를 보다가 꽤 유해한 물질임에도 주의가 필요
하다는 최소한의 자막조차 없이 해당 유튜버가 너무 편하게 손으로
만지고 주무르는 장면을 보여주어 깜짝 놀란 적이 있습니다. 게다
가 이러한 콘텐츠들은 현재 별다른 여과장치 없이 어린이와 청소년
들에게 그대로 노출되고 있습니다.

이러한 위험한 일들이 빈번하게 일어나는 이유는 실험에 사용되는 모든 재료의 특징이나 물성, 유해성 및 반응 과정에서 만들어진 생성물의 종류와 특징에 대해 제대로 알지 못한 결과라고 볼 수 있습니다. 아무리 재료 하나하나가 안전하다고 해도 그것들이 결합해서 만들어진 생성물이나 반응 과정에서 만들어질 수 있는 물질까지 모두 안전한 것은 아니니까요. 따라서 뭐든 실험을 진행할 때는 반드시 실험에 따른 주의사항을 안내, 확인, 교육한 후에 안전상의 문제가 있을 시 어떻게 적절하게 대처할 것인지 철저하게 점검한 다음에 실험을 진행해야 합니다.

아무리 재미를 앞세운 실험이라고 해도 화학 지식은 중요합니다. 재미도 좋지만, 원 물질의 안전성은 물론, 반응 과정에서 나올 수 있는 독성물질은 없는지 등 여러 가지 위험 요인들을 사전에 충분히 확인하여 안전한 실험이 이루어지도록 해야 할 것입니다.

환경호르몬 걱정 NO! 안전한 액괴의 탄생

앞에서 우리는 액체괴물과 액체괴물을 이루고 있는 물질에 관해 살펴보았습니다. 그런데 집에서도 쉽게 액체괴물을 만들어볼 수 있습니다. 우리 함께 환경호르몬 걱정 없는 액체괴물을 만들어봅시다!

비커, 폴리비닐알코올(또는 PVA 물풀), 붕산나트륨, 야광가루

①

비커에 따뜻한 물을 넣고, PVA(폴리비닐알코올)를 따뜻한 물을 넣은 비커에 녹입니다(시중에 판매하는 PVA 물풀을 이용해도 OK).

②

또 다른 비커에 물을 넣고 붕산나트륨을 넣어서 충분히 녹입니다.

③

PVA(폴리비닐알코올)와 붕산나트륨을 잘 섞어줍니다.

④

유리막대로 저어서 올려주면 사진과 같은 끈적끈적한 형태로 액괴가 만들어집니다. 너무 흐물흐물하면 붕산나트륨을 추가하여 원하는 농도를 맞추면 됩니다.

⑤

완성된 액괴를 꺼내 야광가루(첨가하지 않아도 됨)를 같이 반죽해주거나, 원하는 재료를 접목해서 넣어주면서 촉감놀이를 해봅시다!

집에 동생이 갖고 놀던 색색 클레이로도 비슷하게 만들 수 있어요!

준비물

그릇, 놀다 남은 클레이, 식소다, 따뜻한 물

①
그릇에 클레이를 넣고 식소다를 녹인 따뜻한 물을 넣어 손으로 주물주물하여 액괴 느낌이 나는 농도에 이를 때까지 물을 조금씩 첨가하며 주물주물합니다.

②
적당한 점도에 이르면 이렇게 클레이액괴 완성!

③
한곳에 액괴를 모은 후 여기에 빨대를 넣고 살살 불면 왼쪽 사진처럼 풍선도 불 수 있습니다.

"과학으로 새로운 미래를 만나다!"

앞에서 우리는 다양한 과학 이야기들을 살펴보았습니다. 과학은 우리의 삶을 더욱 윤택하고 편리하게 또 쾌적하게 만들어주는 반면에, 개중에는 오히려 우리 인간에게 치명적인 독화살로 되돌아온 무시무시한 이야기들도 섞여 있었죠. 우리에게 주어진 것들을 그저 편하게 사용하고 누리면 그뿐이라고 생각했는데, 개념과 원리를 알고 보면 더욱 재미있어지는 과학! 이제 끝으로 4차 산업혁명 시대, 우리 일상생활 속으로 더욱 깊이 파고들어온 과학 이야기를 해보려고 합니다. 현대사회의 과학기술은 과거 어느 때와 비교할 수 없을 만큼 빠르게 변화하고 있습니다. 우리가 지금 당연하게 누리고 있는 많은 것들 중 실제로 짧게는 10여 년 길게는 수십여 년 전까지만 해도 존재하지 않았던 것들도 있으니까요. 우리의 일상을 바꾸고, 또 우리의 미래를 바꿔가고 있는 놀라운 과학 이야기 속으로 지금부터 들어가 볼까요?

CHAPTER **04**

놀라운
과학 이야기

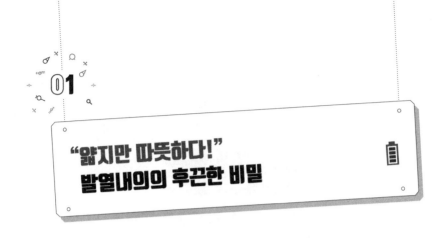

01

"얇지만 따뜻하다!" 발열내의의 후끈한 비밀

환경오염과 기후변화는 지구 곳곳에 이상기온 현상을 일으키고 있습니다. 우리나라도 기후변화의 영향으로 북극의 기온이 상승하면서 제트기류가 약해짐에 따라 여름에는 무시무시한 폭염이 찾아오고, 반대로 겨울에는 살을 에는 지독한 한파가 덮쳐 옵니다.

아무리 추워도 무작정 껴입으면 옷맵시도 나지 않고, 활동하기도 매우 불편합니다. 그런데 멋과 실용성을 모두 갖춘 제품이 등장했습니다. 그래서 이 제품이 처음 등장했을 때는 사람들이 매장 앞에 긴 줄을 서야 한다는 말이 떠돌 만큼 선풍적인 인기를 끌었죠. 소위 히트텍이라 불리는 '발열내의'입니다. 업체들은 기존 내복보다 훨씬 얇은 두께와 달리 뛰어난 보온성을 자랑한다며 제품을 홍보했습니다. 처음에 광고를 접한 사람들은 제품의 성능에 혹하면서도 '진짜 저걸 입는다고 따뜻해질까?' 하는 의문도 동시에 들었을 것입니다.

한 겹을 입어도 겹쳐 입은 효과를 내는 발열내의

발열내의 히트텍(Heattech)은 일본의 〈유니클로〉 사에서 처음으로 개발되었고, 현재는 다양한 기업에서 비슷한 성능의 제품들을 생산하고 있죠. 아직도 겨울이면 많은 사람들이 이용하는 인기 아이템입니다. 히트텍의 주요 소재는 바로 아크릴섬유와 레이온섬유입니다. 얼핏 보기에는 평범하기 짝이 없는데, 대체 어떤 원리로 자체 발열을 일으킨다는 걸까요?

먼저 아크릴섬유는 에틸렌과 시안화수소를 화합시켜 만든 아크릴로니트릴(acrylonitrile)을 중합시켜 만들어냅니다. 이렇게 만들어낸 아크릴섬유는 가볍고 보온성이 좋고 내마모성 또한 좋은 성질을 가지고 있죠. 이것을 머리카락의 1/10 정도로 가늘게 엮으면 추운 겨울철에 마치 비닐하우스 안에 들어가면 온기가 느껴지는 것처럼 찬 기운을 막아주기 때문에 그 자체로 보온 효과가 있다고 합니다. 뛰어난 보온성과 함께 워낙 탄성회복력이 좋아서 구김도 잘 생기지 않습니다. 아크릴섬유는 합성섬유 중에서 양모와 가장 가까운 성질을 가지고 있다고 합니다.

그리고 또 다른 주요 소재인 레이온섬유는 목재펄프의 섬유소를 재생시켜 만든 섬유입니다. 부드러운 촉감을 가지고 있고, 특히 물을 잘 머금는 성질을 가지고 있습니다. 땀은 무더운 여름에만 나오는 것이 아닙니다. 안정한 상태의 피부에서도 우리가 잘 느낄 수 없을 뿐, 우리 몸에서는 미세한 수분을 계속 발생시킵니다. 앞서 기화열에 관해 설명했던 내용을 기억하고 있을 것입니다. 이렇게 우리 몸에서 발생하는 수분(땀)이 옷에 흡수되어 공기 중으로 증발하면 주위의 열을 빼앗아 가기 때문에 온도가 내려가 우리는 서늘함을 느끼게 되죠. 하지만 흡습성을 지닌 레이온섬유의 경우에는 수분을 잘 흡수할 뿐만 아니라 흡수한 물분자를 밖으로 내보내지 않고 섬유 안에 머물게 만들었다가 다시 응축시켜 열을 발생시키기 때문에 따뜻하게 느껴지는 거죠. 여기에 비닐막과 비슷한 효과를 내는 아크릴섬유가 우리의 몸을 외부의 찬 공기로부터 막아주기 때문에 온기가 밖으로 새나가지 않고 유지되는 것입니다. 그 결과 외부의 찬 공기는 막고 내부의 수분증발을 막아 따뜻한 공기를 계속 가둬둠으로써 열을 따뜻하게 지켜낸다는 것이 바로 **흡습발열**의 원리입니다.

아크릴섬유와 레이온을 함께 사용한 히트텍이 보온 효과를 가지는 이유는 또 있습니다. 히트텍은 섬유 조직 자체가 안에 빈 공간을 많이 가지고 있는 구조를 이룹니다. 둥근 단면적을 가진 아크릴섬유와 단면적이 각진 레이온을 함께 사용했기 때문에 그 사이로 공기층이 풍부하게 형성되죠. 이렇듯 섬유 속에 공기층이 많이 형성될수록 단열이 더 잘 되므로 보온성이 높아집니다. 겨울에 두꺼운 옷 한 벌보다 얇은 옷을 여러 겹 입을 때 더 따뜻한 이유도 바로 옷과 옷 사이에 머무는 공기층이 늘어나기 때문이죠. '히트텍'은 섬유 자체가 공기를 품고 있는 구조이므로 얇아도 마치 여러 겹을 겹쳐 입은 것 같은 효과를 주는 것입니다. '히트텍'은 바로 이 흡습발열과 단열이라는 방법을 이용한 제품인 거죠.

섬유가 열을 만들고 지켜내는 또 다른 원리는 무엇일까?

여기서 잠깐, 세상의 모든 발열내의가 흡습발열 방식만 이용하는 걸까요? 물론 아닙니다. 발열섬유의 발열 방법에는 크게 4가지가 있습니다. 이를 간략히 정리하면 다음과 같습니다.

첫 번째는 좀 전에 설명한 **흡습발열**(hygroscopic heating, 흡습성 발열) 방법입니다. 방금 설명한 것처럼 우리가 활동하는 동안 신체에서 발생하는 미세한 수분이나 피부와 원단 사이에 수증기를 흡수하여 열을 내는 기능을 말하죠. 이러한 흡습발열 원리의 경우 활동량이 높아 땀을 어느 정도 흘리는 사람들일수록 높은 발열 효과를 기대할 수 있습니다. 즉 입자마자 따뜻함을 느끼기보다는 어느 정도 활동을 하면서 기능성 섬유가 제 기능을 할 때 효과가 발현되어 따뜻함을 느끼게 되는 거죠.

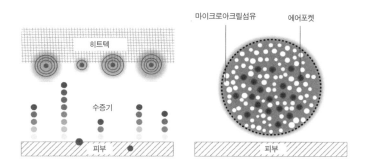

흡습발열 방식의 원리
피부에서 발생하는 수분을 레이온이 흡수하고, 이를 증발하지 못하게 아크릴섬유가 가두는 방식으로 열기가 밖으로 빠져나가지 못하게 하는 원리이다.

두 번째 방법은 신체열 반사(body heat reflection)입니다. 마치 보온병의 원리처럼 신체에서 발생한 열이 밖으로 빠져나가지 않도록 열을 내부로 반사시킵니다. 소위 '보온의 과학'이라고 할 수 있죠. 앞서 소개한 흡습발열이 활동성 있는 사람들에게 효과가 높게 나타나는 방식이라면 신체열 반사는 활동량이 많지 않은 이들에게 효과가 높습니다. 예컨대 추운 날씨에 꼼짝 않고 앉아서 얼음낚시를 즐기는 낚시꾼처럼 말이죠. 이런 기능의 섬유 소재는 내부가 마치 알루미늄 호일을 붙인 듯 반짝입니다. 겨울철 아웃도어 제품에서 많이 이용되고 있죠. 이 기술은 불필요한 습기나 땀은 밖으로 빨리 배출하고, 몸에서 나오는 열을 내부로 반사하여 따뜻하게 만드는 원리를 이용한 것입니다. 은(Ag)과 알루미늄(Al) 등의 금속을 섬유에 코팅하는 방식이죠. 초박형 반사 표면을 적용하여, 몸의 복사열을 반사하여 열 저항을 증가시키고 통기성을 극대화하는 방식을 이용합니다.

세 번째 방법은 원적외선 반사(far-infrared radiation reflection) 방식입니다. 우리의 몸은 10마이크로미터 정도의 원적외선을 내보내는데, 주변의 물질 중 섬유는 원적외선의 흡수나 재방사의 특성이 높습니다. 이러한 특징을 잘 활용한 원적외선 가공섬유는 우리 신체에서 자연적으로 발생하는 원적외선을 흡수 및 재방사하기 쉬운 세라믹스 등의 물질로 코팅 처리하며, 넓은 파장범위의 원적외선을 흡수 및 재방사하여 열을 발생시키는 원리입니다. 신체에서 방출되는 원적외선이 세라믹과 만나면 이를 흡수 및 재방사하여 인체에서 내보내는 파장과 반사하는 파장이 공명하며 에너지가 증폭되어 발열 효과를 낼 수 있죠. 보통 원적외선을 내는 세라믹스나 옥 등을 섬유에 이용하여 만듭니다. 우리 몸은 항상 평균 36.5도를 유지하여 원적외선을 내보내는데, 이 파장을 만나면 발열하게 되는 위에 언급한 특수 소재를 이용하여 만든 것입니다.

끝으로 네 번째는 **흡광축열**(Light absorption, heat storage) 방식입니다. 이름에서 짐작할 수 있듯이 이는 빛에너지를 열에너지로 바꾸는 발열기술을 말합니다. 태양광을 흡수해서 열을 축적시킨 후 이를 다시 인체로 보내 온도를 높이는 기능이죠. 햇빛을 받으면 이를 흡수하여 열에너지로 전환하고, 이 열이 옷 밖으로 빠져 나가지 못하게 합니다. 이를 위해 태양광을 효과적으로 흡수하는 탄화지르코늄, 산화지르코늄 등의 미립자를 니팅(knitting) 방법으로 제작합니다. 이 방식은 기본적으로 태양에너지를 이용하기 때문에 실내에 있는 사람보다는 야외활동을 많이 하는 사람들에게 유용하죠.

필자의 어린시절, 내의라고 하면 대부분 올록볼록하고 두툼한 소재였습니다. 그때만 해도 면과 스판덱스가 혼합된 소재로 공기를 최대한 담기 위해 여러 겹을 두껍게 누빈 형태의 보온 내의가 전부였죠. 생각해보면 그리 오래 전도 아닌데, 요즘은 훨씬 더 매서운 한파 속에서도 그렇게 두꺼운 내의를 껴입는 사람은 찾아보기 어렵습니다. 기술이 발전하여 굳이 두껍게 껴입지 않아도 얇은데 따뜻하여 옷맵시도 챙기고, 활동하기에도 편안한 발열내의들이 많이 나와 있으니 말입니다. 신체 활동이 많은 편인지, 외부 활동이 많은지 등 활동 성향에 맞게 골라서 입으면 될 것입니다.

02

"등장하자마자 완판신화!" 최초의 합성섬유 나일론

아주 후덥지근하고 무더운 한여름을 제외하면 대부분의 여성들은 평소 나일론 스타킹을 자주 착용합니다. 여학생들의 경우 교복 스커트에 살구색이나 검정색 스타킹을 착용할 것입니다. 미니스커트나 짧은 반바지를 입을 때 주로 착용하는 발끝부터 허리까지 감싸는 스타킹도 있고, 무릎까지만 올라오는 길이도 있죠. 또 바짓단 아래로 복숭아뼈 주변만 살짝 가려질 만큼 발목 길이의 짧은 스타킹도 있습니다. 길이도 다양하지만, 색상도 참으로 다채롭습니다. 검정색이나 살구색 말고도 빨강, 노랑, 초록 등 화려한 색깔을 자랑하는 스타킹도 있으니까요. 또 최근에는 스타킹에 다양한 기능성까지 추가하여 항균 기능이라든가 다리를 한층 늘씬하게 보이게 한다며 홍보하는 제품도 나와 있습니다.

　심지어 올이 나가거나 구멍이 난 스타킹도 그냥 내버리긴 아깝습니다. 생활 속에서 다양한 쓸모가 있으니까요. 예컨대 자투리비누 들을 스타킹 안에 모아서 쓰면 비누도 알뜰하게 쓸 수 있을 뿐만 아 니라 스타킹 특유의 재질 덕분에 거품도 잘 일어납니다. 또 선풍기 를 보관할 때 씌우면 촘촘한 스타킹의 망이 먼지가 들어가지 못하 도록 철통방어해주고, 양파를 하나씩 넣고 매듭을 지어 보관하면 필요할 때마다 한 칸씩 가위로 잘라내어 편리하게 쓸 수도 있죠. 하 다못해 싱크대 배수구 망에 스타킹을 씌워두면 고춧가루처럼 작은 입자도 꼼꼼하게 걸러내기 때문에 음식물들이 흘러들어가서 싱크 대 배수관이 막히는 사고를 예방할 수 있습니다. 이렇듯 생활 속에 서 이모저모 쓸모 있는 나일론 스타킹입니다.

세상을 바꾼 섬유, 나일론의 탄생

스타킹의 소재인 나일론(nylon)은 인류최초의 완전한 합성섬유로, 상업적 성공을 거둔 세계 최초의 열가소성 고분자입니다. 특히 나 일론은 합성 고분자섬유로 인류 역사상 천연섬유를 대체하는 대표 적인 인공섬유입니다. 20세기 초반만 해도 의류용 직물은 모두 천 연자원에서 얻었습니다. 예컨대 나방의 유충인 누에가 만들어낸 동 물성 견직물과 목화솜을 이용한 식물성 면직물을 사용했죠. 이들 은 천연 폴리머였습니다. 하지만 이것들은 값이 비싸고 내구성이 약했습니다. 처음에 하버드대학교 교수인 월리스 캐러더스(Wallace

Carothers)라는 과학자가 미국의 듀폰사에서 즉각 상업화 가능한 신물질을 개발하던 중 슈퍼폴리머 합성에 성공하였고, 수많은 시행착오와 연구 끝에 우연히 슈퍼폴리머로부터 안정적인 섬유가닥을 뽑아냈습니다. 이후 듀폰사가 이 섬유를 상품화한 것이 오늘날 우리에게 익숙한 나일론(Nylon)입니다.

나일론 스타킹은 언제 처음 출시되었을까요? 1939년 10월 24일, 미국 화학회사 듀폰(DuPont)이 신제품 나일론 스타킹과 양말을 공식 판매했습니다. 놀랍게도 단 4일 만에 시장에 내놓은 40만 족이 몽땅 팔렸다고 합니다. 요즘 말로 소위 '완판'을 기록한 셈이죠. 이는 앞으로 일어날 섬유 산업의 지각 변동을 예고하는 상징적 사건이기도 했습니다.[1] 나일론 스타킹은 여러분도 잘 알다시피 일반적인 양말 소재와 달리 손으로 들어보면 굉장히 가볍고, 손이 비칠 정도로 얇지만 탄성은 매우 뛰어납니다. 잡아서 늘리면 쭉쭉 늘어나 두세 배 정도는 길이와 폭이 너끈하게 늘어날 정도이죠. 또한 얇은 두께를 감안하면 바람이나 추위에도 꽤 강한 편입니다. 다만 얇은 소재이다 보니 주의하지 않으면 아무래도 올이 쉽게 나가는 단점이 있죠.

스타킹 천을 자세히 들여다보면 아주 얇은 실들이 서로 교차되어 직조되어 있는 것을 확인할 수 있습니다. 높은 탄성을 자랑하는 스타킹의 비밀은 바로 이 얇디얇은 실에 있습니다. 이 실은 천연에서 얻은 것이 아니라 실험실에서 인공적으로 만들어진 나일론이라는

....
1. 남보람, 〈나일론의 탄생 비화〉, 《매일경제》, 2020.05.26. 참조

실입니다. 나일론은 대규모 생산화에 성공한 최초의 열가소성 고분자이기도 하다는 측면에서도 의미가 있습니다.

또한 나일론은 인간이 인공으로 만들어낸 섬유 중 비단, 즉 실크(silk)의 특성에 가장 가까운 섬유입니다. 당시 최고의 섬유로 꼽혔던 비단은 누에고치에서 실을 빼내 짜서 만든 천연섬유입니다. 가볍고 질기며 따뜻하지만, 염색이 잘 되지 않고 가격 또한 비싼 것이 흠이었죠. 나일론은 비단과 유사한 우수한 특성을 가지고 있으면서도 비단의 여러 단점을 보완하는 한편 가격도 저렴했기 때문에 비단을 대체할 만한 우수한 섬유로 떠오르며 여러 가지 용도로 사용되기 시작했습니다. 1938년 나일론으로 만든 칫솔모가 나오고, 1939년 나일론 스타킹이 시장에 나오면서 나일론은 의류뿐만 아니라 산업 곳곳에 두루 사용되기 시작했습니다.

나일론은 마치 실크처럼 부드럽고, 광택 또한 풍부했죠. 그뿐만 아니라 질기고 뛰어난 신축성을 가지고 있으며, 가볍고 내구성도 우수했습니다. 게다가 물에 약한 실크와 달리 나일론은 방수성 등이 우수하여 의류, 가방, 낚싯줄, 낙하산, 방탄섬유 등에도 사용할 수 있고, 심지어 타이어로까지 사용할 수 있는 등 필요한 곳곳에 널리 사용되었습니다. 패션에 끼친 영향도 실로 막대합니다. 한 명품 업체는 아예 나일론 소재로 가방을 만들어 해당 브랜드의 시그니처 백을 만들기도 했으니까요. 또한 나일론으로 만든 스타킹은 아직도 전 세계 여성들이 착용하며 대체 불가 상품으로서 여전히 자리를 굳건히 지키고 있습니다.

이렇듯 장점이 차고 넘치는 천하무적 나일론이지만, 한편으론 단점도 있습니다. 특히 면이나 실크 등 자연섬유과 비교하여 땀(수분)을 흡수하지 않고, 통기성이 좋지 않다는 단점이 두드러집니다. 스타킹을 한번이라도 신어본 사람이라면 나일론의 흡습성이 떨어지는 것을 경험했을 것입니다. 또한 나일론으로 만든 옷은 정전기가 많이 발생하여 옷이 몸에 감기거나 들러붙는 등의 불편함도 있습니다. 그래서 요즘은 용도에 따라 적절하게 천연섬유가 가지는 장점과 나일론과 같은 인공섬유의 장점을 잘 혼합하여 사용함으로써 더욱 우리 삶을 윤택하게 만들어가고 있죠.

나일론의 비밀을 속속들이 파헤쳐보자!

나일론의 장단점을 알아보고 나니 나일론섬유의 구조가 한층 궁금해지지 않았나요? 나일론섬유는 어떻게 만들어졌을까요? 앞서 이야기한 것처럼 나일론섬유는 고분자구조인데 중합된 원자의 결합상태에 따라서 나일론6, 나일론66, 나일론12로 불립니다. 자연소재인 천연비단이 1종류의 단위체가 반복된 아마이드 결합을 형성하고 있는 반면, 캐러더스 교수에 의해 인공적으로 만들어진 나일론은 서로 다른 2가지 종류의 단위체가 반복되면서 아마이드 결합이 형성됩니다. 좀 더 자세히 살펴볼까요?

나일론은 아디프산($HOOC-CH_2-CH_2-CH_2-CH_2-COOH$)과 1,6다이아

미노헥세인(H_2N-CH_2-CH_2-CH_2-CH_2-CH_2-CH_2-NH_2) 분자가 만나 아디프
산에 카르복시기(COOH)의 OH와 1,6다이아미노헥세인의 아미노
기(NH_2) H가 만나 물이 빠져나오면서 이 두 개의 분자가 결합한 것
입니다. 바로 이 결합을 가리켜 아마이드 결합[2]이라고 하는데, 이는
-CONH- 형태로 연결되죠. 아디프산의 화학식은 다음과 같습니다.

아디프산(adipic-acid)
2차원 구조

$$HOOC\text{-}CH_2\text{-}CH_2\text{-}CH_2\text{-}CH_2\text{-}COOH$$

아디프산의 화학구조
유기화합물인 아디프산은 $(CH_2)_4(COOH)_2$의 화학식을 갖는다. 백색 결정질로 불용성이다.

이를 간단히 표현하면 아디프산은 그림과 같이 HOOC-$(CH_2)_4$-
COOH로 나타내며, 1,6-다이아미노헥세인분자는 H_2N-CH_2-CH_2-
CH_2-CH_2-CH_2-CH_2-NH_2로 H_2N-$(CH_2)_6$-NH_2와 같은 형태로 나타냅니
다. 이것은 CH_2가 6개 연결되어 있고, 첫 번째와 여섯 번째 탄소에
아미노기(NH_2)가 붙어 있기 때문에 1,6다이아미노헥세인이라고 부
릅니다. 일반적으로 탄소가 여러 개 들어 있으며, 여기에 다른 것들
이 붙을 때 탄소에 번호를 매겨서 위치를 파악하죠.

....
2. 화학식은 -CONH-, 아미노기와 카르복시기에서 물이 빠지고 결합한 방식을 말함.

$$n \; \underset{\text{1,6다이아미노헥세인}}{H-\overset{\overset{H}{|}}{N}-(CH_2)_6-\overset{\overset{H}{|}}{N}-H} \; + \; n \; \underset{\text{아디프산}}{HO-\overset{\overset{O}{\parallel}}{C}-(CH_2)_4-\overset{\overset{O}{\parallel}}{C}-OH} \quad \xrightarrow{\text{탈수 축합} \quad \text{축합 중합}}$$

$$\left(-\overset{\overset{H}{|}}{N}-(CH_2)_6-\overset{\overset{H}{|}}{N}-\overset{\overset{O}{\parallel}}{C}-(CH_2)_4-\overset{\overset{O}{\parallel}}{C}- \right)_n + (2n-1)H_2O$$

6, 6 - 나일론 : 아마이드(펩타이드) 결합

나일론의 구조식

1,6다이아미노헥세인과 아디프산을 이용하여 6,6-나일론이 만들어지는 화학반응식이다. 6,6-나일론은 이런 형태로 아디프산과 1,6다이아미노헥세인과의 반응으로 아마이드 결합을 하며, 이런 반복적인 결합구조를 갖는다.

이상에서 정리한 식이 바로 나일론의 구조식입니다. 구조식을 들여 다보면 아디프산분자와 1,6다이아미노헥세인분자가 반복되고 있음을 확인할 수 있죠. 이처럼 나일론은 구조적으로 선형이며 수소 결합이 가능한 아마이드 결합을 가지고 있는 고분자물질입니다. 그런데 이러한 아마이드 결합은 '산'에 대한 반응성이 있기 때문에 산과 반응하면 분해되는 단점이 있어 이에 대한 주의가 필요합니다.

나일론이 지금처럼 산업 분야에서 널리 사용될 정도로 튼튼하고 탄성 좋고 활용도가 좋은 형태로 나오기까지는 사실 수많은 시행착오를 거쳤습니다. 그 과정에서 수많은 과학자 및 연구원들과 기타 많은 사람들이 참여하여 단점을 보완하고 대중적으로 사용할 수 있는 형태로 바꾸고 다듬는 과정을 끊임없이 반복한 거죠. 또한 나일론이라는 소재가 비단 스타킹뿐만 아니라 다양한 의류, 양말, 칫솔

등에 광범위하게 사용될 수 있었던 데는 산업화와 맞물려 대량생산이 가능해졌기 때문입니다. 그와 함께 나일론은 섬유로서는 물론 비섬유로서 산업에서 활용되는 용도 또한 비약적으로 늘어났습니다.

현재는 플라스틱 장난감, 가전제품 등 우리가 일상에서 사용하는 많은 것들에 나일론이 폭넓게 사용되며 단순한 섬유 이상의 가치를 발휘하고 있습니다. 이제 나일론이 없는 세상을 도무지 상상할 수 없을 만큼 말이죠. 나일론도 그러하지만, 세상을 바꿀 만한 놀라운 물질의 개발이나 신기술이나 발명품 등은 어느 날 갑자기 하늘에서 뚝 떨어지는 것이 아닙니다. 대부분 수많은 사람들의 노력과 땀 그리고 무수한 실패에도 좌절하지 않고 다시 도전하는 끈기와 힘을 바탕으로 만들어진 값진 선물임을 기억해야 할 것입니다.

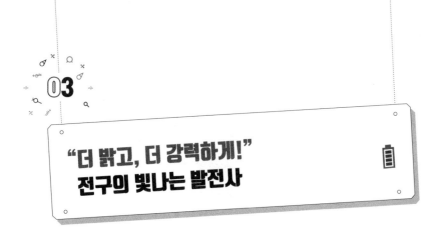

"더 밝고, 더 강력하게!" 전구의 빛나는 발전사

우리나라의 서울은 세계적으로 야경이 아름다운 도시로 손꼽힙니다. 비단 서울뿐만 아니라 도시의 밤은 온갖 조명들로 밝게 빛나며 휘황찬란한 장관을 연출합니다. 세상에 전구가 등장하지 않았다면 아마 이런 야경은 볼 수 없었을 것입니다.

예전에는 대부분의 건물이나 관공서 그리고 각 가정의 조명은 형광등이나 백열등을 주로 사용했습니다. 하지만 요즘 새로 지은 건물이나 여러 공공시설 그리고 여러분의 가정에서도 점차 LED 전구로 바뀌어가는 추세입니다. 처음 광고에서 소개될 때 LED는 더 밝고 오래간다는 점을 강조하며 대중에게 인상적으로 각인되었죠. 심지어 기존 전구에 비해 전기요금도 많이 절약할 수 있다고 합니다. 그럼 LED에 관해서 알아보기 전에 먼저 백열등, 형광등이 어떻게 빛을 내는지에 대해 알아볼까요?

백열등의 탄생과 빛을 내는 원리

먼저 백열등은 어떻게 빛을 낼까요? 백열등 하면 과학실험에서도 많이 사용되는 전구알 속으로 보이는 꼬불꼬불 굽어진 필라멘트가 떠오를 것입니다. 바로 그 필라멘트에 전류가 흘러 가열이 되면서 가시광선의 빛을 내는 전등을 백열등이라고 합니다. 백열등이 빛을 내는 원리는 온도복사라는 물리 현상 때문입니다.

전류를 흘려주면 꼬불꼬불한 필라멘트인 저항체에서 열이 발생하고 온도가 높아지면서 빛을 내는 거죠. 또한 사용되는 필라멘트는 녹는점이 높아야 하고, 높은 온도에서 증발성이 작아야 하며, 열에 의한 팽창 정도 또한 작아야 모양을 그대로 유지할 수 있습니다. 따라서 적절한 필라멘트의 재료를 찾는 것이 무엇보다 중요했죠. 전구가 처음 발명되었을 때는 빛은 지나치게 강하고 필라멘트는 너무 빨리 타버렸습니다. 이런 전구는 수명이 너무 짧기 때문에 실용성이 없었습니다. 이러한 단점을 보완하고 마침내 실용화한 사람이 여러분도 잘 알고 있는 그 유명한 토머스 에디슨(Thomas Alva Edison)이죠. 에디슨은 1879년 40시간 동안 빛이 나는 탄소 필라멘트 전구 실험에 성공했고, 같은 해 12월에 면로파크연구소에서 이 발명품을 세상에 공개하였습니다. 이듬해에는 무려 1,500시간을 견디는 전구를 만들어냅니다. 이후 잘 끊어지기 쉬운 에디슨의 탄소 필라멘트를 보완하여 1910년 쿨리지(William. D. Coolidge, 1873~1975)라는 사람이 현재 쓰이는 텅스텐(tungsten) 필라멘트를 발명하였는데, 텅스텐은 금속 중에서 가장 높은 녹는점(3,422℃)을 가지고 있죠. 텅스텐 필라멘트의 발명으로 전구는 더 밝고 수명 또한 길어졌습니다. 또한 전구알은 필라멘트가 산화되는 것을 방지하기 위해 유리나 융해 석영으로 외부를 감싸고, 전구알 내부는 다른 물질과 잘 반응하지 않는 질소와 비활성기체[3]인 아르곤으로 채우거나 진공 상태로 유지합니다.

이후 백열등은 다양한 크기와 모양 그리고 정격전압 및 출력전력을 달리하는 등 여러 가지로 제작되었습니다. 백열등은 별도의 외부 조정장치가 필요하지 않고 단순히 전류를 흘려주기만 하면 됩니다. 직류 전류와 교류 전류에서 모두 사용이 가능하며, 생산단가가 낮다는 장점이 있죠. 이런 이유로 가정이나, 산업에서도 사용하고, 휴대용 손전등으로도 사용하는 등의 용도를 가리지 않고 널리 사용되어온 것입니다. 하지만 백열등은 표면 밝기가 매우 높기 때문에 눈이 부신 단점이 있고, 필라멘트의 온도복사에 의해 발생하는 열로 붉은 색의 빛을 띠는 특징이 있습니다. 이런 특징을 이용하여 아늑한 분위기를 조성하려는 카페에서 많이 이용하기도 합니다.

백열등을 켜보면 열이 많이 생성되어 실제로 백열등 주위의 공간까지 따뜻하게 만드는 것을 경험해본 적이 있을 것입니다. 이는 다시 말해 공급된 에너지 중 대부분이 열에너지의 형태로 바뀌고 있고, 다른 전등에 비해 발광 효율이 좋지 않다는 뜻이겠죠? 일반적

3. 주기율표 18족에 해당하는 원소로, He, Ne, Ar, Kr, Xe 등이 있고 화학적 활성도가 극히 낮아 화합물을 만들기 어려운 성질을 가진다.

인 백열등은 공급되는 에너지의 약 5% 정도만이 빛을 내는 데 사용된다고 합니다. 그렇다면 나머지 공급된 에너지는 다 어디로 사라진 것일까요? 위에서 이야기한대로 많은 열을 발산하며 사용할 수 없는 열에너지로 변환됩니다. 전구의 주 목적은 빛을 내기 위한 도구인데도 백열등은 원래의 목적 대비 손실되는 에너지가 너무 많기 때문에 효율성 면에서 볼 때, 좋은 도구라고 말할 순 없는 거죠. 백열등의 와트당 발광도는 형광등이나 LED에 비해 현격히 낮습니다. 그만큼 에너지 손실이 많다는 뜻입니다. 그저 밝은 빛만을 이용하기에는 효율이 떨어진다는 단점 때문에 에너지 절약 측면에서 장기적으로 좋지 못하여 일부 국가에서는 아예 백열등의 사용을 금지하기도 한답니다. 에너지 효율을 더욱 높이기 위한 여러 과학자들의 노력이 끝없이 이어지며 더 좋은 전구들이 발명된 거죠.

백열등의 모습
보통의 백열등은 120V에서 동작하는데 와트당 16 루멘(Lumen, 가시광선의 총량을 나타내는 SI 단위, 기호: lm) 정도의 광선속을 낸다. 이는 와트당 60 루멘 정도의 형광등이나 와트당 150 루멘 정도의 LED 전등에 비해서 현저하게 낮다. 전구의 수명 역시 가정용 기준으로 백열등은 1천 시간 정도로 1만 시간의 형광등이나 3만 시간의 발광다이오드(light emitting diode, LED) 전등에 비해 짧다. 이런 이유로 백열등의 사용은 점점 줄어들고 있으며 중남미의 일부 국가에서는 백열등 사용을 아예 금지하고 있기도 하다.

속이 빈 것처럼 보이는 형광등은 어떻게 빛을 낼까?

다음으로 형광등은 어떻게 빛을 내는지 알아볼까요? 형광등은 크게 형광방전관, 점등관, 안정기, 콘덴서로 이루어져 있습니다.

형광방전관은 진공으로 된 유리관 안에 소량의 수은증기와 아르곤가스를 넣어두고 안쪽에는 형광물질을 발라놓은 것입니다. 형광방전관의 양쪽에는 텅스텐필라멘트가 있고, 전자의 방출이 쉽도록 그 표면에 산화바륨이나 산화스트론튬 등을 입혀놓았죠.

점등관은 유리관 내에 고정전극과 바이메탈의 가동전극을 넣은 후 아르곤가스를 넣습니다. 우리가 스위치를 켜면 점등관의 전극이 방전되면서 온도에 따른 팽창 정도가 서로 다른 금속을 붙여놓은 바이메탈이 가열되는데, 이것이 고정전극 쪽으로 휘어져 고정전극에 접촉되어 형광등의 회로가 연결되면서 형광방전관의 필라멘트에 전류가 흘러들어가게 하는 것입니다.

안정기는 철심에 가는 구리선을 감은 코일로 전류의 변화에 의해 유도되는 자기의 변화를 방해하는 방향으로 기전력을 유도함으로써 교류에 의해 발생할 수 있는 전류 변화를 적절히 막아내는 역할을 하고, 이상전류를 저지함으로써 안정된 전류를 공급하는 역할을 하고 있습니다.

이때 콘덴서에서는 형광방전관 양쪽의 필라멘트가 가열되고, 그 가열된 필라멘트에서 열전자가 튀어나오며 관 속의 수은원자와 부딪히며 방전되기 위한 준비를 하는 동안 점등관의 바이메탈이 냉각

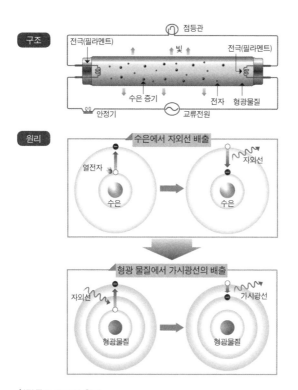

형광등의 구조와 원리

전류가 흐르면 형광등의 코일이 예열되면서 열전자가 발생된다. 이것이 수은 증기에 작용하면 수은이 자외선을 발생시킨다. 자외선은 다시 형광등 안에 발라놓은 형광물질에 의해 가시광선이 되어, 우리가 알고 있는 형광등의 빛을 내게 된다.

되며 고정전극으로 휘었던 가동전극이 떨어지면서 전류가 차단됩니다. 이때 고주파 전류의 생성으로 발생되는 전기적 소음 및 잡음을 제거해주는 역할을 합니다.

다시 정리하자면 형광등은 양쪽 끝에 짧고 뾰족하게 튀어나온 장치를 가지며, 내부는 텅 빈 것처럼 보입니다. 전구처럼 안에 필라멘트가 있는 것도 아닌데 어떻게 빛을 내는지 궁금할 것입니다. 형광등은 진공 유리관 안에 수은 증기와 방전되기 쉽도록 아르곤 가스를 주입하고 안쪽 벽에 형광물질을 발라두었습니다. 생김새를 보면 양쪽에 양극과 음극이 존재하여 이곳에 전원을 연결하여 전류를 흘려주면 음극에서 튀어나간 전자가 양극 쪽으로 이동하죠. 이렇게 음극에서 나와 양극으로 이동하는 전자는 형광등 유리 안에 충전된 수은과 충돌합니다. 수은원자와 충돌하면 그 수은에서 또 다른 전자가 방출되거나 자외선이 나오게 되죠.

다만 우리의 눈으로는 이곳에서 나오는 자외선을 볼 수 없습니다. 즉 자외선이 우리의 눈에 보이지 않기 때문에 형광물질을 발라둔 것입니다. 형광등 안쪽에 칠한 형광물질에 빛이 흡수되어 가시광선 영역의 빛으로 전환되어 우리가 잘 알고 있는 형광등 불빛으로 발산되는 거죠. 부모님께 형광등을 깨면 위험하다는 얘기를 들은 적이 있을 거예요. 물론 유리가 깨지면 다칠 수 있기 때문이기도 하지만, 그보다는 형광등 속의 수은과 같은 유해물질에 노출될 수 있기 때문입니다. 다 쓴 형광등은 함부로 폐기하지 말고 반드시 정해진 곳에 버려야 하는 이유이기도 합니다.

보통 형광등 불빛은 흰색이라고 생각하는 경우가 많지만 형광물질의 종류를 달리하면 백색, 주광색, 녹색, 청색 등 여러 가지 색의 빛을 낼 수 있습니다. 전자가 높은 에너지 준위(level)에서 낮은 에너지 준위(level)로 내려가게 되면 그 차이만큼의 에너지를 방출하기 때문에 우리는 그 에너지 차이만큼의 빛을 볼 수 있죠. 보통 에너지 차이가 크면 파장이 짧은 푸른색 계열의 빛을, 에너지 차이가 작으면 붉은색 계열의 빛을 볼 수 있습니다. 형광등은 백열등에 비해 소비전력은 1/3 정도로 효율이 좋고, 빛이 부드럽고, 열이 거의 나지 않으며, 수명도 5~6배 정도 길어 많이 사용이 되어왔습니다. LED 전구가 등장하기 이전까지는 가장 효율이 높은 전구로 꼽혔죠.

전기에너지를 빛에너지로 바꾸는 새로운 전구의 탄생

백열등과 형광등에 이어 등장한 것이 LED입니다. LED는 'Light Emitting Diode'의 약자로 "발광다이오드"라고 합니다. 이것은 전류가 흐를 때 빛을 내는 반도체소자의 원리를 이용한 것입니다. 이는 14족원소인 규소(Si)와 저마늄(Ge)에 13족원소인 붕소(B), 알루미늄(Al), 갈륨(Ga)으로 도핑하여 양공을 만들어 전류를 만들어내는 P형 반도체와, 14족원소인 규소(Si)와 저마늄(Ge)에 15족원소인 P(인),

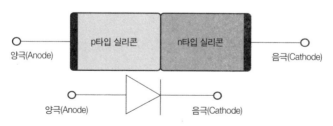

p-n접합 다이오드
p-n 접합 다이오드는 반도체 기반의 전자회로를 구성하는 가장 기본 단위가 된다.

As(비소)를 도핑하여 전자들의 흐름을 만들어내는 n형반도체를 서로 접합하여 만든 p-n접합 다이오드[4]로 만듭니다.

외부에서 n형에는 음전압을 p형에는 양전압을 걸어주면 n형반도체의 전자가 p형반도체의 양공과 결합하면서 이들의 에너지 차이에 따라 붉은색, 녹색, 노란색으로 빛을 발합니다. LED는 일반전구에 비해 수명이 길고 전류가 흘러서 빛이 나오기까지의 반응속도가 매우 빠릅니다. 또한 다양한 모양으로 만들 수 있다는 이점이 있죠. LED 조명은 외부 충격에 강하고 안전하며, 소비전력은 일반 백열등의 약 10퍼센트, 형광등과 비교해도 약 30퍼센트 정도에 불과하며, 수명은 약 3만 시간으로 백열등에 비해 수십 배나 오래갑니다. 또한 형광등의 충전가스로 사용되는 수은처럼 인체에 유해한 물질을 사용하지 않기 때문에 친환경적인 조명이기도 합니다.

최근 기존 조명등을 LED로 바꿔준다는 업체들이 많이 있고, 가정의 조명등을 LED로 바꿔주어 전기요금을 절약하게 해준다는 제안이 심심치 않게 들려옵니다. 우리가 알고 있는 LED는 전기요금이 절감되고, 수명도 오래가며 형광등이나 백열등과 다르게 화학물질이 포함되어 있지 않아서 더 안전하게 사용할 수 있는 제품입니다. 그렇다면 LED는 어떻게 전기요금을 줄여주면서 밝은 빛을 낼 수 있는 것인지 좀 더 자세히 알아볼까요?

LED는 발광다이오드로 전류가 흐를 때 빛이 나는 반도체소자로

....
4. 다이오드는 2개의 단자를 갖는 전자 부품으로써, 한쪽은 낮은 저항을 다른 쪽은 높은 저항을 두어 전류가 한쪽으로만 흐를 수 있게 하는 물질이다.

백열전구와 형광등, LED의 비교

LED의 소비전력은 백열전구에 비해 10%, 형광등에 비해서는 30%에 불과하지만, 수명은 약 3만 시간으로 백열전구에 비하면 수십 배나 오래간다.

조명뿐만 아니라 각종 영상장치나 리모컨 등에도 이용됩니다. 순수한 반도체에 불순물을 첨가하는 과정을 도핑(doping)이라고 하는데, 바로 이 도핑을 통해 전기전도성을 높이는 과정이 이루어집니다. 순수반도체는 원자가전자가 4개인 규소(Si)나 저마늄(Ge) 등의 14족원소로 이루어진 반도체를 말하는데, 맨 바깥 껍질에 전자가 4개가 있어 다른 규소와 원자가전자(valence electron)가 모두 공유결합에 참여하게 되면 자유전자가 없기 때문에 전기전도성이 좋지 않습니다.

반도체는 도체와 절연체의 중간 정도로 전류가 흐르는 물질인데, 반도체 기반의 전자회로를 구성하는 가장 기본단위가 바로 앞서 소

개한 p-n 접합 다이오드입니다. p형반도체는 순수 반도체에 원자가
전자가 3개인 13족원소를 도핑해서 만드는 것으로 원자가띠의 바
로 위 전자에 비어 있는 에너지 준위가 만들어져 원자가띠의 전자
가 쉽게 전이할 수 있습니다. 14족원소인 규소나 저마늄에 원자가
전자가 3개인 원소가 들어가면 규소와 결합하지 못한 한 개의 전자
는 그 자리에 양공(positive hole), 즉 전자의 빈자리를 만들어내죠.
바로 이 양공이 플러스(+)전하와 같은 역할을 합니다. 한편 n형 반
도체는 순수반도체에 원자가전자가 5개인 15족원소를 도핑하여 공
유결합에 참여하지 않는 전자가 생기는데, 이런 전자들은 상온에서
자유롭게 이동하여 전하를 운반하는 역할을 하고, 이렇게 첨가시켜
주는 물질을 도핑제(dopant)라고 합니다.

발광다이오드에서 n형반도체의 전도띠에 있던 전자는 p형반도
체의 원자가띠로 전이하면서 양공과 결합합니다. 원자가띠와 전도
띠 사이의 띠 간격에 해당하는 에너지를 가진 빛을 방출하는데, 이
띠 간격이 클수록 방출하는 빛의 파장은 짧아집니다.[5] 사실 바로 이
해하기에는 조금 어려운 내용이므로, 관심이 있는 독자들은 물리학
에서 반도체와 파동에 대해 공부하면 좀 더 확실하게 원리를 이해
할 수 있을 것입니다.

아무튼 사용되는 도핑원소의 종류에 따라 p형반도체와 n형반도

....
5. $E = hf = hc/\lambda$, 에너지 E를 나르는 빛은 $E = hf$ 에 의해 결정되는 진동수가 $f = E/h$인 전자기파
라는 뜻. 그리고 전자기파의 속도는 항상 c이고 모든 진동수의 빛에서 $c = \lambda f$ 가 성립하므로
f 자리에 $f = c/\lambda$ 를 대입하여 항상 $E = hf = hc/\lambda$ 가 성립한다.

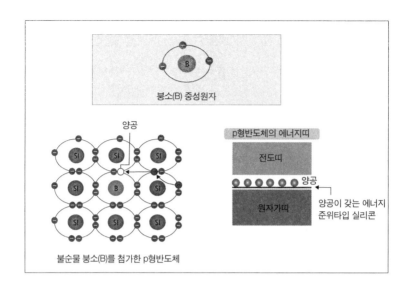

붕소(B) 중성원자

양공

p형반도체의 에너지띠

전도띠

양공

원자가띠

양공이 갖는 에너지
준위타입 실리콘

불순물 붕소(B)를 첨가한 p형반도체

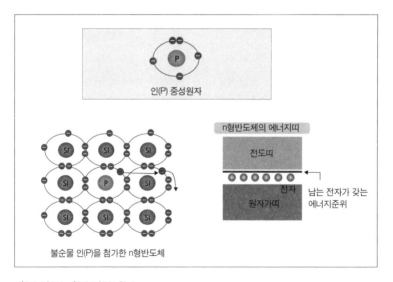

인(P) 중성원자

n형반도체의 에너지띠

전도띠

전자

원자가띠

남는 전자가 갖는
에너지준위

불순물 인(P)을 첨가한 n형반도체

p형반도체와 n형반도체의 원리

p형반도체는 원자띠 바로 위에 양공에 의한 새로운 에너지띠가 만들어져 적은 에너지로 전자가 쉽게 이동하여 전류가 흐른다. 한편 n형 반도체는 남는 전자가 전도띠 바로 아래 새로운 에너지띠를 생성하여 적은 에너지로 쉽게 전자가 이동하여 전류가 흐른다.

체 사이의 에너지 준위 차가 다르므로 방출하는 빛의 색깔을 다양화할 수 있습니다. 이러한 원리로 LED는 적색, 녹색, 청색의 세 가지 색을 기반으로 하는 LED 모듈을 생산하고, 이러한 삼원색에 해당하는 모듈의 조합으로 우리가 원하는 색상을 거의 대부분 표현할 수 있습니다.

또한 LED는 일반 전구들에 비해서 반응은 백만 배나 빠르며, 수명은 거의 반영구적입니다. 앞서도 설명했지만 기존의 백열등은 전기로 필라멘트를 달궈 빛을 내고, 형광등의 경우 내부의 형광물질에 전자가 부딪히면서 빛을 내는 원리이죠. 하지만 LED는 그런 과정 없이 바로 전기를 빛으로 바꿉니다. 그만큼 전기에너지를 빛에너지로 바꿔주는 광전환 효율이 높기 때문에 많은 전력을 사용할 필요가 없는 것입니다. LED 전구가 수명이 길고 전기요금 또한 절약되는 이유이죠. 참 놀랍죠? 바로 뒤에서 화면이 굽어지는 텔레비전 화면에 관해 이야기하려고 하는데, 사실 디스플레이 장치에서도 LED의 활약이 만만치 않습니다. 바로 이어지는 이야기에서 LED에 관해서 좀 더 알아보기로 합시다.

"이런 백라이트 같은…"
스스로 빛나는 텔레비전 화면의 등장

1990년대 초반에 벽돌만한 휴대전화가 처음 등장했던 때만 하더라도 무선으로 밖에서도 자유롭게 통화하는 세상이 열렸다고 하는 것에 많은 사람들이 놀라워했습니다. 벽돌만큼 컸던 휴대전화가 손바닥 크기만큼 작아졌을 때도 통신사에서 고객을 유치하기 위해 내건 광고카피가 "방해받고 싶지 않은 순간에는 잠시 꺼두셔도 좋다"고 하는 데서 짐작할 수 있듯이 언제 어디서든 통화가 가능하다는 데서 크게 달라지지는 않았죠. 당시만 해도 휴대전화 하나로 영화나 음악 감상, 검색, 쇼핑, 게임, 텔레비전 시청, 유튜브 등 다양한 활동을 하게 될 거라고 생각한 사람은 없었습니다. 하지만 불과 얼마후 2007년 1월 아이폰이 출시되고, 이와 함께 안드로이드 스마트폰까지 급속도로 업그레이드되면서 참으로 많은 것이 달라졌습니다. 현재의 우리는 휴대전화로 전화나 문자는 물론 다양한 작업들을 하고 있습니다. 심지어 이제 스마트폰 없는 세상은 상상조차 할 수 없을 정도이니까요. 휴대전화의 액정을 접었다 폈다 할 것이라는 말이 처음 나왔을 때도 마찬가지입니다.

"에이, 말도 안 돼! 그게 되겠어?"

디스플레이 화면이 접히는 것도 믿기 어렵지만, 접힌다고 해도 분명 접히는 부분의 굴곡 때문에 화면이 깨질 거라고 생각하는 사람이 많았죠. 하지만 여러분도 알다시피 이미 화면을 반으로 접었다 폈다 하는 스마트폰이 출시되어 사용 중입니다. 물론 아직까지는 꽤 고가의 모델이라서 대중적이라고 보기는 어렵지만, 광고 또는 프로그램 안에서 간혹 PPL처럼 등장하는 모델을 어렵지 않게 본 적이 있을 것입니다. 비단 핸드폰뿐만이 아닙니다. 우리 생활 속 디스플레이 화면 모두 접었다 폈다 하는 세상이 온 것입니다.

여러분도 아마 텔레비전 화면이 마치 카펫처럼 돌돌 말려 올라갔다 내려가는 광고를 접한 적이 있을 것입니다. 비교적 짧은 시간 동안 이루어진 디스플레이의 발전사가 실로 놀라울 따름입니다. 컬러조차 화면에 구현하지 못했던 흑백 시절을 지나, 이제 컬러는 물론이고 자연의 색상에서 왜곡되지 않고 거의 동일한 색상을 구현할 수 있게 되었으니까요. 심지어 마치 종이처럼 유연하게 화면이 접힐 수도 있게 된 것입니다. 그럼 먼저 과거부터 현재까지의 디스플레이 발전사에 대해 간략하게 살펴보기로 할까요?

뚱뚱이 모니터를 기억하시나요?

우선 브라운관이라고 불리던 CRT(Cathode Ray Tube) 디스플레이 장치가 있습니다. 혹시 화면 뒤로 거대한 짐 보따리를 얹고 있는 것 같은 뚱뚱이 모니터나 텔레비전을 본 적이 있나요? 바로 이러한 형태가 가장 오래되고 대중적인 디스플레이 장치입니다. 장점이라면 잔고장이 적고 응답시간이 빨라 세밀한 작업에 편리하며, 글자의 뭉개짐 없이 다양한 해상도 변경 또한 가능합니다. 보는 각도에 상관없이 상, 하, 좌, 우의 선명도가 일정하고 명암, 암부(어두운 부분) 등 색상 표현력이 뛰어나 포토샵이나 그래픽 작업에도 적합하죠. 하지만 워낙 전력 소비량이 많고, 부피가 커서 자리를 많이 차지하고 무겁기까지 하다 보니 현재는 거의 단종된 상태입니다.

일명 뚱뚱이 디스플레이 시대가 저물고, 평면 디스플레이 시대가 열립니다. 편평하게 판으로 나온 디스플레이인 LCD(Liquid Crystal Displays)는 액정(Liquid Crystal)의 광학적 특성을 이용하여 영상을 표현하는 장치입니다. 이 액정은 기존의 액체와 고체 결정의 성질을 함께 갖는 물질로, 액체처럼 유동적이라 배열이 바뀔 수 있고, 고체처럼 규칙적인 배열을 가질 수도 있죠. 전기장의 방향에 따라 액정의 배열 방향을 바꾸면, 빛을 통과시킬 수도 있고, 반대로 차단할 수도 있습니다. 하지만 액정 스스로 빛을 낼 수는 없습니다. 즉 자체발광이 되지 않기 때문에 빛을 비춰주어야 하죠. 그래서 구조적으로 빛을 비추는 백라이트라는 장치가 들어 있어 이곳에서 나온 빛이 액정을 통과하면서 화면 속 영상을 구현하게 됩니다. 다만 백라이트는 백색광을 내기에 여러 가지 색상을 구현하기 위해서는 컬러필터가 필요합니다. 즉 백라이트가 액정에 의한 컬러필터를 거치면서 말 그대로 총천연색이 표현되는 거죠. 텔레비전의 화면 일부를 크게 키워서 살펴보면 빨강(Red), 초록(Green), 파랑(Blue) 부분화소(sub-pixel)들이 보입니다. 이 세 가지 색을 조합하여 다채로운 색을 표현한 거죠. 하지만 구조적으로 반드시 백라이트가 필요했기 때문에 자연스럽게 두껍고 무거운 프레임이 필수였습니다. 물론 CRT에 비하면 상당히 날씬해지기는 했지만 말이죠.

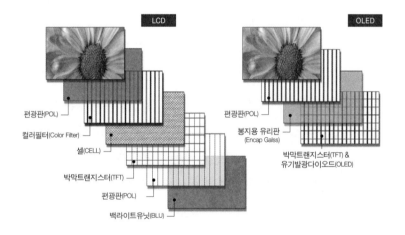

LCD와 OLED의 구조

LCD는 스스로 빛을 낼 수 없기 때문에 백라이트를 비춤으로써 빛이 액정을 통과하여 색을 구현하게 된다. LED 모니터나 텔레비전이라고 부르는 제품의 경우도 광원만 LED일뿐 백라이트를 필요로 하는 점에서는 동일했다. 자체발광하여 백라이트가 필요 없는 디스플레이 장치는 OLED이다.

자체발광의 비밀을 밝혀라!

LCD에 이어 등장한 디스플레이 장치가 바로 LED(Light Emitting Diode, 발광다이오드)입니다. 앞에서도 설명했다시피 LED란 전류를 가하면 스스로 빛을 내는 반도체소자(Semiconductor device)입니다. 원자가띠와 전도띠가 붙어 있어 띠틈 사이의 에너지가 거의 없어 전기의 흐름이 원활한 물체나 물질을 도체라 하고, 원자가띠와 전도띠 사이의 띠틈 에너지 간격이 커서 전자가 전도띠로 올라가지 못해 자유전자의 흐름이 생기지 않는 물체나 물질이 부도체인 것은 잘 알고 있지요? 반도체는 쉽게 말해 원자가띠와 전도띠 사이의 에너지갭이 도체와 부도체의 사이 정도의 크기를 가지고 있어, 그 갭 이상의 에너지를 주면 전기가 통하기도 하고, 에너지갭보다 작은 에너지를 가하게 되면 전도띠로 이동할 자유전자가 없어 전기가 흐르지 않는 물질입니다. 쉽게 말해 반도체는 전압, 열 그리고 빛 등의 특정 조건에서만 선택적으로 전기가 통하는 물질인 거죠.

두 가지 이상의 원소로 이루어진 화합물 반도체가 LED의 재료인데, 이 화합물에 포함되어 있는 성분이나 비율을 조절하여 LED 빛의 색을 나타내는 것입니다. 전자제품 중에는 LED 텔레비전이나 LED 모니터라 불리는 제품들이 있는데, 이는 실상 기존 LCD와 마찬가지로 LCD 판을 사용하면서 단지 백라이트 광원을 기존 LCD 제품의 형광램프에서 LED로 바꾼 것일 뿐입니다. 즉 LCD 디스플레이 방식에서 광원만 LED로 바꾼 셈이죠. 실질적으로 백라이트

없이 스스로 빛을 내는 디스플레이 장치는 바로 OLED(Organic Light Emitting Diode)입니다. OLED 디스플레이 장치부터는 이제 더 이상 백라이트를 필요로 하지 않습니다. 그래서 과거와 비교할 수 없을 만큼 얇아졌고, 심지어 구부릴 수도 있게 된 거죠. 이에 관해 좀 더 자세히 살펴볼까요? OLED는 전류를 가하면 자체발광하는 물질을 이용하는데, 두 전극 사이에 두께가 100~200나노미터(nm) 정도의 유기, 박막층이 삽입된 구조를 말합니다. 유기물에 전기를 걸었을 때 빛을 낸다고 하여 '유기전기발광소자'라고 부르기도 하지요. 여기에서 한발 더 나아간 플렉서블 OLED 디스플레이는 유기발광다이오드를 이용하여 자체발광할 수 있는 물질에 하부기판과 발광유기층을 보호하는 재료를 기존 유리가 아닌 유연한 보호막 필름을 사용하여 깨지지 않게 만들어 휘어지거나 접을 수 있게 만들어 마치 필름처럼 얇고 가볍게 제작할 수 있습니다. 게다가 낮은 전압에서도 구동이 가능하며 넓은 시야각과 빠른 응답속도 덕분에 LCD와 달리 바로 옆에서 보아도 화질이 변하지 않으며 잔상이 남지 않아 소형화면에서 화질이 좋고 전력소모도 적습니다. 제조공정 또한 단순하여 가격경쟁력도 우수하여 휴대전화, 카오디오, 디지털카메라와 같은 소형 디스플레이에 주로 이용되고 있습니다.

예전에 학생들과 대화를 나누며 "나중엔 내가 보고 싶은 화면을 구부려서 접어서 넣고 다니다가 보고 싶으면 꺼내서 펴보는 시대가 될 거야!"라고 이야기했던 기억이 새록새록 납니다. 그때 이야기를 들은 학생들은 "에이, 설마… 정말이요?" 하며 반신반의했죠. 화면에서 재생되는 것이라는 게 믿기지 않을 정도로 맑고 깨끗하며 이미지가 깨지지도 않습니다. 눈앞에서 모니터가 곡면으로 휘는 것을 뛰어넘어 자유롭게 접히는 것을 보면 신기할 정도이죠. 이런 것들이 가능한 이유는 기존 OLED는 빛을 방출하는 유기발광의 앞뒤에 층층이 부품들이 쌓여 하나의 패널을 만드는데, 과거에는 이것을 보호하는 보호층을 유리로 만든 반면에 플렉서블 OLED는 각각의 층을 부드럽게 휠 수 있는 필름으로 보호막을 만들었기 때문에 하나로 합쳐도 유연하게 모양을 바꿀 수 있는 것입니다.

최근에 본 OLED 텔레비전 유튜브 광고에서 옛날식 고정관념에 갇힌 꼰대를 "이런 백라이트 같은…"으로 표현하며 백라이트를 마치 구시대의 유물처럼 비유하는 것을 보았습니다. '백라이트' 기술 자체도 디스플레이 발전사에 중요한 한 획인데, 문득 세상이 정말 정신없이 참 빠르게 바뀌고 있다는 생각이 들더군요. 하지만 온 가정의 디스플레이 장치가 플렉서블 OLED로 바뀌기까지는 시간이 좀 더 필요합니다. 아직까지는 출시된 제품들도 매우 고가의 제품으로 일반화·대중화 단계로 보기는 어려우니까요. 하지만 대부분의 사람들이 늘 '아니, 그게 가능하겠어?'라고 회의적으로 반응했던 것들 대부분이 차근차근 우리의 현실이 되어가고 있습니다. 그렇게 볼 때, 머지않은 미래에 우리가 호주머니에서 수첩을 꺼내듯 디스플레이 화면을 꺼내서 넘겨보는 날도 오지 않을까 한번 상상해봅니다. 어쩌면 이러한 상상력을 훨씬 뛰어넘는 새로운 기술이 우리를 기다리고 있을지도 모르는 일이죠.

"터치터치~" 스마트폰에 반응하는 장갑의 비밀

우리들 대부분은 스마트폰을 한시도 손에서 떼어놓지 못합니다. 마치 한몸처럼 하루 종일 끼고 사는 사람들도 있고, 최소한 아주 가까운 곳에, 손가락만 살짝 뻗으면 닿는 곳에 놓여 있어야 안심이 되지요. 학교에서는 '스마트폰 압수'가 학생들이 가장 질색하는 제재라고 할 정도로 청소년들 사이에서도 스마트폰은 떼려야 뗄 수 없는 분신처럼 인식되고 있습니다.

버스를 기다리거나 지하철을 기다리는 잠시잠깐의 시간에도 스마트폰에서 눈을 떼지 못하는 것이 오늘날 우리의 흔한 모습입니다. 그런데 여름에는 그렇다 쳐도 겨울이 되면 한파와 칼바람이 매섭다 보니 바깥에서 스마트폰을 하기 위해 장갑을 잠깐만 벗어도 손가락 끝이 아리며 꽁꽁 얼어버리는 느낌입니다. 장갑의 엄지와 둘째손가락에 살짝 구멍을 뚫어서 쓰는 사람도 있었지만, 언제부터

인가 스마트폰 장갑이 겨울 필수템이 되었습니다. 다른 장갑을 낀 상태에서는 아무리 화면을 터치해도 소용이 없는데, 스마트폰 장갑을 끼면 맨손보다는 조금 둔하긴 해도 충분히 앱을 실행할 수 있죠. 왜 그럴까요? 궁금증을 해결하려면 스마트폰의 터치 방식을 이해할 필요가 있습니다.

감압식은 뭐고, 정전식은 또 뭐야?

화면을 터치하는 방식은 크게 감압식과 정전식으로 나눌 수 있습니다. 스마트폰이 나오기 전에도 화면 터치 방식을 적용한 제품들이 더러 있었는데, 대체로 손톱이나 뾰족한 것으로 화면을 눌러야 하는 방식이었죠. 터치스크린은 감압식, 즉 화면을 누르는 압력을 감지하는 센서를 이용하는 방법입니다. 사용자가 화면을 누르면 투명 전도막 2장이 서로 맞닿으면서 발생한 전류와 저항의 변화를 감지해 입력을 가로-세로 좌표로 인식하여 판별합니다. 투명 전극층이 코팅되어 있는 두 장의 기판을 서로 합착시킨 액정에 일정한 압력을 가하면 두 판이 서로 붙으면서 회로에 전류가 흐르죠. 이는 물리적인 힘을 가하는 것이기 때문에 굳이 손가락이 아니라 태블릿 펜 같은 기기로 눌러서 입력할 수도 있습니다. 다만 두 판이 서로 붙을 만큼의 압력이 가해지지 않으면 전기가 흐르지 않기 때문에 눌러도 반응이 없을 수 있겠죠. 힘 조절을 못하면 때론 두 번 세 번 눌러야 할 수도 있고, 멀티터치는 불가능하며, 충격을 주면 쉽게 고장이 납니다. 대신 원리가 간단해 제조 비용이 저렴하죠.

이와 달리 정전식은 액정유리인 화면에 전기가 통하는 화합물을 코팅하여 전류가 계속 흐르도록 합니다. 말하자면 화면에 흐르는 전기가 우리 몸의 전도성이 있는 손가락에 접촉할 때 전기장의 변화를 감지하며 전자의 흐름이 변하면서 반응하는 방식인 거죠. 느낄 수 없을 뿐이지 우리 손에는 미세한 전류가 흐르고 있으니까요. 화면에 손가락을 접촉시키면 액정 위를 흐르던 전자가 접촉 지점으로 끌려오게 됩니다. 그러면 센서가 이를 감지하여 입력을 판별하는 거죠. 따라서 화면을 살짝 스치듯 만져도 입력이 가능하고, 멀티터치도 가능합니다. 이렇듯 전자기장에 반응하는 정전식은 일정한 힘을 가해야 하는 감압식에 비해 반응이 훨씬 빠릅니다. 다만 전기가 통하지 않는 장갑 같은 것을 끼면 화면을 아무리 세게 눌러도 반응하지 않죠. 우리가 낀 장갑이 손가락의 전류가 스마트폰 화면으로 전달되는 것을 차단하는 셈이니까요. 즉 정전식은 아무리 힘을 주어도 전류가 통하지 않으면 반응하지 않습니다.

스마트폰 장갑은 어떻게 화면에 반응할까?

겨울이면 장갑을 낀 상태로 스마트폰에 열중하는 사람들을 쉽게 볼 수 있습니다. 장갑을 낀 상태에서도 자연스럽게 화면을 터치하여 전화도 받고, 메시지도 전송하며, 검색도 하죠. 분명히 좀 전에 장갑을 끼면 전류를 차단하기 때문에 터치해도 반응하지 않는다고 했는데, 스마트폰 장갑은 어떻게 우리 손가락의 전류를 화면으로 전달하는 것일까요? 비밀은 간단합니다. 스마트폰의 터치가 정전식을 이용한 것이기 때문에 장갑이 액정과 터치되는 손가락 접촉 부위를 미세한 금속사나 전도성 물질로 처리하여 정전기가 통하게 함으로써 화면이 우리 몸의 미세한 전류를 감지할 수 있게 한 거죠. 쉽게 말해 장갑을 끼고 있어도 전기가 통하도록 만든 것입니다. 전도성 실은 일반 폴리에스터소재에 금속소재를 실처럼 얇게 만들어서 다른 실과 섞어서 만듭니다. 이 실로 직조한 조각을 스마트폰을 자주 사용하는 손가락 끝부분에 박아주면 우리 손과 스마트폰 사이에 미세한 전류가 통하도록 길을 터주게 됩니다.

정전식은 이렇듯 화면에 전류를 흘러보낼 수 있다면 그게 뭐든

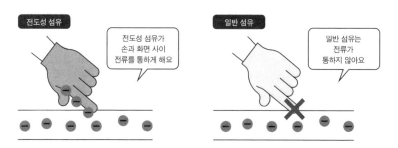

전기의 이동
전기를 띠고 있는 물체인 대전체가 도체에 닿으면 전기가 흐른다. 정전식을 이용한 스마트폰 화면 터치의 경우 우리 손가락의 전류에 반응하는 방식이다. 스마트폰 장갑은 일반 장갑과 달리 손가락의 전류를 스마트폰의 화면으로 전달시켜준다.

화면을 터치할 수 있습니다. 그래서 한동안 토마토, 귤, 소시지 등 여러 가지 물건들로 스마트폰 화면을 터치하는 놀이가 유행하기도 했죠. 실제로 토마토와 귤로도 스마트폰을 터치할 수 있습니다. 또 나무젓가락을 호일로 감싸서 그것을 손으로 잡고 터치해도 스마트폰이 반응합니다. 혹시 김밥○○에서 김밥을 사본 적이 있나요? 김밥을 호일에 돌돌 말아서 주는데, 호일에 말린 상태로 김밥을 잡고 스마트폰을 눌러도 화면이 반응합니다. 우리 손의 전류가 김밥을 싸고 있는 알루미늄 호일을 타고 스마트폰 화면으로 전달되니까요. 그렇게 되면 직접 손가락을 터치하지 않아도 호일이 닿은 곳에 전류가 흐르며 마치 직접 터치한 것처럼 반응하게 되는 것입니다.

초창기에 나온 스마트폰 장갑은 대체로 투박한 털장갑이 많았는데, 최근에는 좀 더 다양한 소재의 스마트폰 장갑이 많이 나오고 있습니다. 거의 웬만한 장갑에는 스마트폰 터치 기능성을 추가하고 있다고 볼 수 있죠. 그만큼 많은 사람들이 장갑을 끼고 있는 얼마의 시간조차 도저히 스마트폰을 가만히 내버려두지 못한다는 뜻으로도 해석할 수 있지 않을까요?

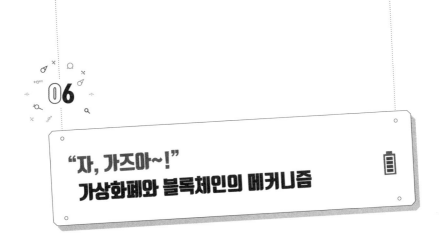

"자, 가즈아~!"
가상화폐와 블록체인의 메커니즘

불과 얼마 전까지만 해도 마치 유행어처럼 여기저기서 너도나도 외치던 말이 있습니다.

"가즈아~!"

나이 많은 어르신부터 철없는 아이들까지 소리 높여 외쳤죠. 평범한 말에도 뒤에 '가즈아'가 붙으면 어쩐지 내부에서 뭔가 용솟음치는 느낌이랄까요? 뭔가 크게 동요되거나 나아가 나도 모르게 선동되는 것 같기도 하죠.

"오늘은 즐거운 토요일, 노래방 가즈아~!"
"오늘 거국적으로 배틀 한판? PC방 가즈아~!"

그런데 이 말은 대체 어디에서 시작되었을까요? 물론 연예인들이나 텔레비전 자막에도 사용되면서 파급효과가 더 커진 것은 사실이지만, '가즈아' 열풍은 바로 '가상화폐' 투자자들로부터 시작된 것입니다.

여러분도 한번쯤은 가상화폐라는 단어를 들어보았을 것입니다. 혹시 '비트코인'이라는 단어를 먼저 접했을지도 모르겠습니다. 영화 속에서 악당들이 거래조건으로 '비트코인'을 요구하는 장면도 종종 연출되곤 했으니까요. 비트코인 또한 가상화폐의 한 종류입니다. 가상화폐는 현재 우리가 사용하고 있는 실물화폐, 즉 지폐나 동전과 같이 손에 쥐거나 만질 수 있는 형태가 아닙니다. 실물이 없고 온라인에서 거래되는 화폐를 일컫는 것입니다. 최근에는 암호화 기술을 사용하는 화폐라는 의미로써 '암호화폐'라고 불리기도 합니다.

누구나 만들어 공급할 수 있는 화폐의 탄생

일반적으로 우리가 사용하는 화폐는 각국의 정부나 중앙은행이 발행하며, 그 발행 과정은 물론 폐기 과정까지도 매우 엄격하게 관리됩니다. 어느 나라건 간에 화폐를 위조하고, 이를 유통하는 건 중범죄에 해당하죠.

예컨대 미국의 '달러'는 연방준비은행이라는 곳에서 통화관리 등 전반적인 일을 맡고, 제작은 미국의 재무성이 주관합니다. 달러는 국가 간 결제나 금융거래의 기본이 되는 기축통화이기도 하죠. 우리나라의 '원'은 한국은행에서 조폐공사에 의뢰하여 돈을 만들고 시중에 공급하고 있습니다. 한국은행이 물가 안정을 위해 금리와 돈의 양을 조절하고 있죠. 또한 시중 은행들이 자금이 필요할 때는 우리가 여윳돈을 은행에 저축하거나 또는 필요한 돈을 대출받는 것처럼 시중 은행들은 한국은행에 예금을 예치하거나 대출을 받기도 합니다. 또한 정부도 세금을 한국은행에 맡겨두었다가 필요한 예산에 사용하고, 부족한 경우에는 빌리기도 하죠.

이처럼 기본적으로 모든 통화는 발행 주체를 지니고, 이 발행 주체가 화폐로 통용되기 위한 가치와 지급을 보장합니다. 하지만 가상화폐의 경우에는 이처럼 정부 중심으로 발행 및 관리되는 통화가 아닙니다. 화폐를 처음 고안한 사람이 누구든 간에 그가 정한 규칙에 따라 가치가 매겨지며, 각국 정부나 중앙은행이 관리하지 않기 때문에 정부가 가치나 지급을 보장하지도 않죠.

얼핏 정체가 불분명하고, 뭔가 신뢰할 만한 구석이 전혀 없는 것 같은데, 어떻게 사람들은 가상화폐의 가치를 맹신하며 너도나도 묻지마 투자에 뛰어들게 된 걸까요? 지금은 '광풍'이 누그러지기는 했지만, 여전히 많은 사람들이 가상화폐에 투자를 하고 있습니다. 실제로 대략 2010년에 가상화폐라는 개념이 나오기 시작했을 때, 대표적인 가상화폐 비트코인 시세는 지금과 비교하면 엄청난 차이가 있습니다. 비트코인 1BTC[6]의 최초가격은 한화로 환산하면 약 0.007원에 지나지 않았습니다. 1원의 가치에서 0.7% 정도인 셈이니 그야말로 1원짜리만도 못한 취급을 받았던 거죠. 그런데 현재는 시세변동이 있기는 하지만, 1BTC가 한화로 수천만 원이 넘는 가격에 거래되고 있습니다. 0.7원에서 1,000원이 되었다고 해도 놀라울 지경인데, 10년 사이에 무려 수천만 배 이상 가치가 상승한 셈이죠. 왜 사람들이 '가즈아~!'를 외치며 그토록 앞뒤 따지지 않고 투자에 뛰어들었는지 가히 짐작이 되고도 남지 않나요?

물론 모든 암호화폐의 가치가 이처럼 크게 상승한 것은 아닙니다. 소위 '잡코인'이라 불리는 수많은 코인들이 생겨났다 사라지고 있죠. 때때로 실체가 불분명한 '잡코인'이 암호화폐 시장을 어지럽히고 투기를 조장하며 암호화폐 산업 전반의 불신을 키우기도 합니다. 아무튼 암호화폐 투자로 엄청난 돈벼락을 기대하는 마음으로 '묻지마' 투자에 뛰어든 모든 사람들이 과연 가상화폐가 어떤 의미이며, 또 어떤 기술을 활용한 것인지 알고서 투자에 뛰어들었을까 하는 의문이 드는 것은 사실입니다. 혹시 그저 "인생은 한방" 또는 "인생역전"이란 미명하에 정체도 잘 모르면서 앞뒤 안 가리고 불나방처럼 모여들었던 것은 아닐까요?

그렇다면 가상화폐가 정말 신기루 같은 것에 불과할까요? 그렇게 보기는 어렵습니다. 무엇보다 현재 암호화폐 시장에 몰려든 자금의 규모만 보더라도 마치 실체가 불분명한 보물선을 찾아 헤매는 단순 투기라고 치부하기에는 무리가 있습니다.

....
6. 비트코인 단위를 말함

단 한 번의 거래내역도 암호화되어 쌓인다

대표적인 암호화폐인 비트코인은 4차 산업혁명 시대의 '디지털 골드'라고 불리기도 합니다. 실제로 암호화폐들을 만드는 기반 기술인 블록체인은 4차 산업혁명의 핵심 기술로 미래에는 없어서는 안 될 중요한 기술입니다. 블록체인은 참가자 모두의 거래내역 등의 데이터를 서로 분산, 저장함으로써 불순한 세력이나 사람들에 의해 데이터가 조작되는 것을 원천적으로 막아줍니다. 바로 이러한 특징 때문에 블록체인은 현재의 금융체계에서 일어날 수 있는 다양한 문제들을 해결할 수 있는 핵심 기술로 떠올랐죠.

예컨대 기존 금융거래 방식에서 철수와 영희가 서로 금전 거래를 위해 은행을 통한 계좌이체를 진행했다고 합시다. 철수가 영희의 계좌로 돈을 보내면 철수와 영희의 계좌에 각각 이체내역으로 남을 것입니다. 하지만 엄밀히 말해 거래내역에 존재할 뿐 실제로 돈을 주고받은 것은 아닙니다. 만약 은행의 데이터에 문제가 발생한다면 혹은 누군가 악의적으로 데이터를 조작하여 거래내역이 사라진다면 심각한 문제가 초래될 수밖에 없습니다. 이런 문제들을 방지하려면 어떻게 해야 할까요? 단순히 제3자에게 의존하는 것만으로는 문제를 완벽하게 해결하긴 어렵습니다.

이와 달리 암호화폐는 거래내역이 계속 저장되는 형태입니다. 쉽게 말해 이런 식이죠. 세상에서 딱 두 사람이 거래내역이 적힌 장부를 가지고 있다고 합시다. 둘 중 한 사람이 거래내역을 조작하면 누가 진실을 말하고 있는지 확인하기 어렵습니다. 하지만 장부를 가지고 있는 사람이 세 사람이라면 한 사람이 거래내역을 조작하더라도 다른 두 사람의 장부를 비교하면 어떤 것이 조작된 것인지 밝혀낼 수 있을 것입니다. 그런데 4명, 5명…100명… 1,000명… 이처럼 거래내역을 가진 사람들이 많아질수록 거래내역을 조작하기는 더더욱 어려워지겠죠? 간단히 말해 은행과 같은 제3자가 우리의 거래내역을 관리해주는 것이 아니라 우리 간에 거래내역을 우리가 관리하는 방법이 바로 블록체인의 데이터 분산 처리 기술인 것입니다.

기존의 거래 방식은 은행이 모든 거래내역을 관리하고 처리했지만, 블록체인에서는 거래내역을 거래 당사자인 많은 사람들이 나누어서 저장하죠. 새로운 거래내역이 발생하면 참여자 수만큼의 블록을 형성해 모든 참여자에게 전송하고 저장합니다. 추후에 이렇게

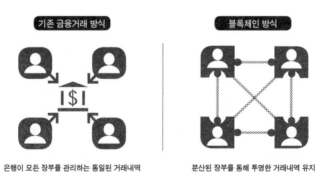

은행이 모든 장부를 관리하는 통일된 거래내역   분산된 장부를 통해 투명한 거래내역 유지

기존의 금융거래 방식과 블록체인 방식
기존의 금융거래 방식은 은행이라고 하는 제3자에 의해 관리되는 방식이다. 그러나 블록체인은 거래에 1번이라도 참여한 사람이라면 거래관리의 당사자가 된다. 즉 단 1번의 거래가 일어나도 암호화된 상태로 장부에 계속 누적되는 것이다.

저장된 데이터들을 연결하면 거래내역을 확인할 수 있습니다. 여기에서 거래 장부의 한 페이지를 블록(Block)이라 부르며, 이 블록들이 마치 사슬, 즉 체인(Chain)처럼 연결되어 있다고 하여 이것을 블록체인(Blockchain)이라고 부르는 거죠.

암호화폐의 또 다른 핵심, 오직 나밖에 모르는 비밀열쇠

무엇보다 암호화폐의 경우 해킹에 취약한 대칭 암호 알고리즘의 약점을 보완한 대표적인 비대칭 암호 알고리즘을 가지고 있습니다. 비대칭 알고리즘의 경우 문을 여는 열쇠가 2개 존재한다고 생각하면 쉽습니다. 비밀열쇠와 공개열쇠이죠. 비밀열쇠는 말 그대로 다른 어느 누구도 모르고 오직 나만이 알고 있는 열쇠이자, '나'를 식별하는 용도입니다. 그리고 소인수분해를 기반으로 암호화된 공개열쇠는 누구에게나 알려줄 수 있습니다.

암호화폐의 거래는 이러한 비대칭 암호 알고리즘을 통해 이루어지죠. 암호화폐를 거래할 때는 수신인의 공개열쇠를 활용하여 코인을 암호화한 다음에 송금하는 구조입니다. 받는 사람의 공개열쇠로 암호화된 것이기 때문에 수신자 말고 다른 사람은 송금내역을 풀수 없죠. 이러한 거래내역이 쌓이고 쌓인 암호화폐 구조의 특성상 현재로서는 비공개 암호는 해킹이 불가능한 영역으로 분류됩니다. 블록체인의 암호화 알고리즘을 풀어내기 위해 수행해야 할 연산의 수는 약 2^{130}에 이릅니다. 이를 수행하려면 아무리 성능이 뛰어난 슈퍼컴퓨터라고 해도 작업시간이 약 2조 시간, 즉 2억 2천 년이 넘게 걸리는 만큼 사실상 불가능한 작업입니다. 안전성 면에서 암호화폐는 그야말로 철옹성과 다름없는 셈이죠.

하지만 이러한 안전성이 계속 유지될 수 있을지에 대해서는 다소 회의적입니다. 바로 양자컴퓨터 때문이죠. 양자컴퓨터란 양자역학적인 물리 현상을 활용하여 연산을 수행하는 기계인데, 1만 년이 걸리는 작업을 불과 200초 정도로 앞당길 수 있습니다. 단순히 '혁신'이라는 표현으로는 설명하기 힘든 전혀 다른 차원으로의 진화입니다. 2019년 10월에 구글은 〈프로그래밍이 가능한 초전도 회로 활용의 양자 우위〉라는 논문을 네이처에 발표했습니다. 이 알쏭달쏭한 제목에서 우리가 주목할 표현은 바로 '양자 우위', 즉 이 논문은 슈퍼컴퓨터를 앞지르는 양자컴퓨터에 관한 내용이었습니다. 이 논문이 발표된 후 실제로 암호화폐 시세가 크게 출렁이기도 했죠. 블록체인의 가장 큰 장점은 쉽게 풀 수 없는 암호화 알고리즘에 있습니다. 좀 전에 설명한 것처럼 2조 시간이 넘게 걸리니까요. 그런데 양자컴퓨터로 작업을 수행하면 불과 몇 분 만에 연산이 종료될 수 있다는 뜻입니다.[7] 놀랍지 않나요? 하지만 양자컴퓨터의 대중화는 아직 갈 길이 멀고, 이에 관한 메커니즘을 더 깊이 다루면 너무 다른 방향으로 이야기가 흘러갈 수 있으니 이쯤에서 마무리하기로 하지요.

....

7. 유성민, 〈암호화폐 해킹 '꿈의 컴퓨터' 눈앞에〉, 《신동아》, 2019.12.13. 참조

블록체인, 또 어디에 활용될 수 있을까?

양자컴퓨터 세상에서는 어떻게 될지 모르겠지만, 현재로서 블록체인의 안전성은 매우 높습니다. 그래서 일부 전문가들은 머지않아 블록체인이 중앙기관과 은행을 대체할 것이란 다소 극단적인 전망까지 내놓고 있죠. 하지만 메커니즘에 대한 이해 없이 단순히 투기 대상으로만 인식하고 접근하는 사람들도 늘고 있어 이를 보완할 대책이 필요하며, 향후 더 안전하게 네트워크를 유지할 수 있게 하는 기술 개발도 시급합니다.

그런데 블록체인은 비단 암호화폐에만 쓰이는 기술이 아닙니다. 우리가 블록체인에 좀 더 관심을 기울여야 하는 이유입니다. 블록체인은 4차 산업혁명을 주도할 핵심 기술이라고 이야기한 바 있습니다. 많은 전문가들이 앞서 설명했던 블록체인의 획기적인 장점을 활용하여 이를 다양한 산업에 적용시키려 노력하고 있습니다. 왜냐하면 블록체인은 데이터를 무결하게 보관 또는 기록에 대한 어떠한 조작도 없었음을 증명해야만 하는 다양한 분야에 널리 쓰일 수 있으니까요. 대표적인 활용 예를 몇 가지 살펴볼까요?

먼저 '의료시스템'에서의 활용입니다. 국내 의료시스템에서는 HIS(병원정보시스템)을 통해 병원의 전반적인 관리 업무를 진행하고 있습니다. 예컨대 환자의 등록에서 진료·수납 및 다양한 검사 등을 관리하고 있죠. 그러나 내부 관리자가 데이터를 위·변조하거나 자료를 악의적인 목적으로 빼내 사용하는 등의 문제점이 발생할 우려가 있죠. 이를 개선하는 데 블록체인을 활용할 수 있습니다.

또 현재 병원이나 약국 등은 각자 별도의 장부로 기록하고 관리하기 때문에 환자가 이전의 기록들을 챙겨서 가져오지 않으면 그 환자의 이전 이력을 확인하기 어렵습니다. 예컨대 동네병원에서 진료를 받다가 상위 진료기관으로 넘어가야 하는 경우, 동네병원에서 사전에 영상 검사나 피 검사를 진행했다면 이를 개인이 데이터로 저장하여 상위 의료기관에 개별적으로 제출해야 합니다. 때로는 제출한 데이터의 호환성 문제로 사용할 수 없어 아예 처음부터 새로 검사를 받아야 하는 경우도 많습니다. 하지만 앞으로 의료시스템에서 블록체인을 활용하면 개인의 과거 진료와 처방 기록 등을 모두 공유받을 수 있기 때문에 자주 가던 병원이 아니더라도 기존의 진료 데이터를 공유 받아서 원활한 진료를 받을 수 있겠죠? 하지만 이러한 정보의 공유로 인해 환자의 개인정보가 무분별하게 노출되는 것을 막기 위해 반드시 환자의 동의하에 블록체인을 통해 조회할 수 있게 하는 장치가 필요합니다.

의료시스템뿐만 아니라 블록체인은 유통망도 변화시킬 수 있습니다. 현재의 물류 유통망은 전 세계로 퍼져 있으며, 국가 간 무역 시장이 확대됨에 따라 물류 공급망 또한 매우 복잡하게 얽히고설켜 있습니다. 이에 업무 주체들의 업무가 과부하에 이르러 위기 상황이 오면 일시적으로 공급망이 붕괴되는 현상이 나타날 수 있죠. 2020년 초에 코로나 19의 팬데믹과 함께 일어났던 마스크 대란 사건을 대표적인 예로 들 수 있습니다. 바이러스가 급속도로 창궐하는 위기 상황 속에 마스크 품귀로 인해 인터넷 주문 사이트는 마비되고, 거리 곳곳에 직접 마스크를 사러온 사람들이 긴 줄로 늘어서 있는 진풍경이 연출되기도 했죠. 예기치 못한 사태에서 마스크 수요가 돌발적으로 폭증하는 바람에 공급망이 부족해졌고, 추가 공급망을 확충하기도 쉽지 않았기 때문입니다.

공적 마스크 공급망을 늘리려면 기존 체제하에서는 해당 업체가 과연 마스크를 생산할 만한 능력이 있는지를 알아보기 위해 복잡한 검증 과정을 거쳐야 합니다. 예컨대 기존에 생산했던 마스크 품질부터 업체의 생산 능력 및 재무 상태 등을 검토하기 위한 여러 가지 서류들을 일일이 확인하여 검증한 후에야 계약이 체결될 수 있죠. 하지만 이러한 절차를 모두 거치려면 부득이하게 많은 시간이 소요되기 때문에 절차에 소요되는 시간 동안 소비자들은 그저 발을 동동 구르며 기다릴 수밖에 없는 것입니다. 급변하는 시대에 대응하기 위해서는 수요 상황에 맞게 유연하게 또 신속하게 대처할 수 있는 공급망이 필요한 거죠. 바로 이럴 때 블록체인 기술을 활용하면 필요한 정보들을 디지털 형태로 신속하게 조회 · 검증할 수 있습니다. 무엇보다 안전하고 신뢰성 있는 정보를 바탕으로 빠르게 거래를 진행할 수 있는 장점이 있죠. 블록체인을 통해 생산-유통-소비로 연계되는 공급망을 구축함으로써 한층 효율적이고 신속한 대응을 할 수 있게 되고, 이를 통해 새로운 가치를 창출할 수 있습니다.

IoT라 불리는 사물인터넷도 블록체인과 밀접한 관련이 있습니다. 사물인터넷이란 각종 기기를 활용하여 데이터를 수집, 저장, 분석하는 기술을 일컫는 것입니다. IoT 기술은 이미 여러 분야에서 광범위하게 사용되고 있죠. 예컨대 이제는 스마트홈 기능을 활용해 내 생활패턴에 맞춰 조명을 자동제어하거나 외출 중에도 스마트폰 앱을 통해 가스를 잠그거나 가전을 실행시킬 수 있습니다. 음성명령으로 집안의 각종 기기를 작동시킬 수도 있으며, 스마트홈 스피커를 통해 다양한 생활정보와 콘텐츠들을 이용할 수도 있습니다. 또한 스마트카를 활용해 집안의 온도나 조명을 제어하고, 자동차와 집 또는 사무실을 연결하여 여러 정보를 실시간으로 공유함으로써 생활을 더 편리하게 만들어주고 있습니다. 날이 갈수록 사물인터넷 기술은 우리 일상 깊숙이 파고들 것입니다.

하지만 문제가 있습니다. 바로 보안의 문제이죠. 여러분도 간혹 IoT 기기 해킹으로 인한 피해 사례가 적지 않다는 뉴스를 접했을지 모릅니다. 초고속·초연결성의 시대가 열리면서 사이버 보안은 갈수록 큰 문제로 떠오르고 있습니다. 보안업체 맥아피의 소비자부문 보안 전문가인 개리 데이비스에 따르면 "지난해 전세계 사이버 범죄 피해액은 6,000억 달러에 달한다"며 "사이버 범죄자들이 보안에 취약한 사물인터넷(IoT) 기기들을 공격 목표로 잡고 있어 5G 시대에 사이버 공격은 더 심각해질 것"이라고 전망했습니다.[8] 이러한 보안성 문제로 인해 아직은 실제로 구현되는 분야가 제한적이며, 또 운영되고 있는 분야 중에서도 해커들로 인한 피해 사례가 늘어나고 있

....
8. 김창우, 〈5G 해킹공포…카지노 고객 정보 턴 건 수족관 온도계였다〉, 《중앙일보》, 2019.09.18. 참조

습니다. 스마트캠 등을 해킹해 은밀한 사생활이 공개되는 부작용 등도 이러한 보안 문제에 해당되죠.

몇 년 전에 보았던 어느 액션영화에서 해킹을 통해 자율주행 자동차를 무더기로 원격 주행시키는 장면이 등장했습니다. 운전자가 없는 자동차들이 거리로 우르르 쏟아져 나온 것입니다. 만약 내 자동차를 누군가 해킹해서 벼랑처럼 위험한 곳으로 질주하게 만든다면 생각만 해도 아찔하지 않나요? 하지만 블록체인과 사물인터넷을 결합함으로써 이러한 문제점을 해결할 수 있습니다. 거래내역과 절차를 공유함으로써 보안성 및 신뢰도를 높이는 거죠.

또한 블록체인은 분산형 시스템으로 신뢰성 및 보안성을 높일 수 있을 뿐만 아니라, P2P 상호작용을 가능하게 해줌으로써 불필요한 비용을 절감할 수도 있습니다. 기존의 사물인터넷은 중앙에서 데이터를 처리하는 중앙집중형 시스템이기 때문에 비용과 보안성 등에서 단점이 발생하는데, 블록체인을 통해 이를 해결하고자 하는 노력이 계속 이어지고 있습니다. 물론 아직까지는 많은 운영상의 문제와 호환성 문제를 해결해야 하는 과제가 남아 있지만, 향후 수많은 사물들이 연결되어 자원과 서비스를 거래하는 진정한 IoT 시대의 스마트 분권화를 위해 분명 블록체인이 핵심기술로 발돋움할 것입니다.

그 밖에도 신분증명이나 투표, 자금추적, 전력거래 등 다양한 산업분야에서 블록체인 기술이 적용됨으로써 투명성과 신뢰성을 높일 것으로 기대되고 있습니다.

07

"비야, 제발 좀!"
과학, 자연현상을 통제할 수 있을까?

현대의 과학기술은 과거 그 어느 때와 비교할 수 없을 만큼 빠르게 발전하고 있습니다. 심지어 지금 이 순간에도 시시각각 새로운 세상을 향해 달려가는 중이라고 해도 과언이 아닐 것입니다. 그럼에도 불구하고 우리 인간이 현재까지 이루어낸 과학기술만으로는 어찌 해볼 수 없는 부분이 있습니다. 바로 지진이나 화산폭발, 기상이변과 같은 자연재해입니다. 지금도 지구 곳곳에는 다양한 자연재해로 인한 심각한 피해들이 잇따르고 있습니다.

특히 2020년 여름은 '비'로 기억될 것 같습니다. 우리와 지리적으로 가까운 중국도 심각한 비 피해를 입었습니다. 양쯔강 유역에 엄청난 폭우가 쏟아지면서 쓰촨성 일대의 대홍수로 물이 범람하는 바람에 유네스코 세계문화유산인 러산대불[9]이 처음으로 물에 잠기기도 했습니다.[10] 이와 함께 싼샤댐에 관한 이야기도 자주 들려왔죠.

싼샤댐은 양쯔강 중상류 후베이성 이창의 협곡을 잇는 댐입니다. 이곳은 저수량이 390억 톤, 최고 수위는 175미터이며, 연간 847억 킬로와트에 이르는 세계 최대용량의 수력에너지를 발전하는 곳이기도 합니다. 그런데 이 엄청난 규모의 댐 수위를 위협할 만큼의 무시무시한 폭우가 연일 쏟아지는 바람에 곡창지대로 알려진 양쯔강 유역은 엄청난 수해를 입고 말았습니다. 또한 우리나라도 무려 54일이나 이어진 역대 최장의 기록적인 장마로 인해 엄청난 재산 피해와 인명 피해까지 입고 말았습니다. 하늘에 커다란 구멍이라도 뻥 뚫린 것처럼 연일 쏟아지는 빗속에서 우리가 할 수 있는 일이라곤 그저 조금이라도 비 피해를 줄이기 위해 시설물이나 주변 환경의 안전 상태를 점검하는 정도였습니다. 쏟아지는 폭우를 멈추게할 방법이 현재로서는 없으니까요.

비는 어떤 원리에 의해 내리는 것일까?

비록 현재의 기술력으로 쏟아지는 비를 멈추게 할 방법은 없지만, 비를 내리게 하는 기술은 어느 정도 실현된 상태입니다. 이게 무슨

---

9. 樂山大佛, 713년 창건된 링윈사의 본존미륵보살로 높이 71m, 머리너비 10m, 어깨너비 28m에 이르는 중국 최대의 석불이다.
10. 우요한, 〈중국 홍수로 '세계 최대 석불' 잠겨…싼샤댐 '물폭탄 비상'〉, 《JTBC뉴스》, 2020.08.19. 참조

소리냐고요? 바로 인공강우를 말합니다. 인공강우에 대해 알아보기 전에 우선 하늘에서 비가 내리는 원리에 대해 살펴볼까요?

일반적으로 공기 속에는 무수히 많은 수증기가 들어 있습니다. 하지만 공기 안에 무한대의 수증기가 담길 수 있는 것은 아닙니다. 즉 공기에 포함될 수 있는 수증기의 양은 한계가 있다는 뜻이죠. 공기 1m³ 안에 수용할 수 있는 수증기의 양을 질량(그램, g)으로 표현한 값을 가리켜 포화수증기량이라고 합니다. 그리고 이 값은 온도에 따라 달라지죠. 아래 그림을 보면, 각 온도별로 포함할 수 있는 수증기의 양도 늘어나는 것을 알 수 있습니다. 한여름 기온이 30℃라고 한다면 공기는 1m³당 30.4g의 수증기를 포함하면 더 이상의 수증기를 포함할 수 없게 되는 거죠. 그래프의 선을 기준으로 선은 포

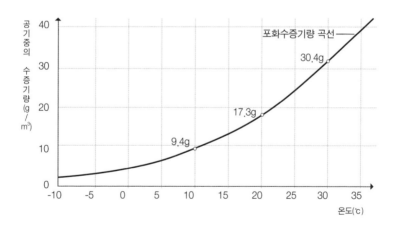

온도와 포화수증기량의 관계
일반적으로 온도가 올라갈수록 공기가 포함할 수 있는 수증기의 양이 늘어납니다. 더 이상 공기가 수증기를 포함할 수 없는 상태에 도달한 것을 '포화되었다'라고 합니다.

화상태, 선의 위쪽은 과포화상태 그리고 선 아래는 불포화상태를 말합니다. 일정 온도에서 포함할 수 있는 수증기량의 포화도와 만나는 곳에서부터 응결이 시작되는 거죠. 이 응결은 응결핵을 중심으로 물방울들이 모여서 이루어집니다. 그리고 이 응결핵을 중심으로 더 많은 응결이 이루어져 점점 커지고 무거워지면 물방울이 지면으로 떨어져 눈이나 비가 되는 것입니다.

구름의 씨앗을 뿌려라!

그럼 다시 인공강우 이야기로 돌아와 봅시다. 인공강우란 자연적으로 내리는 비가 아니라 과학의 힘으로 비를 내리게 하는 것입니다. 꼭 필요한 타이밍에 비가 내릴 수 있게 하는 것은 참으로 유용합니다. 너무 가물어 농업용수나 공업용수가 말라갈 때나 또 요즘처럼 환경오염으로 인해 공기 중에 미세먼지가 자욱할 때 인공강우 기술로 비를 내리게 한다면 대기의 질을 한층 청결하게 관리할 수도 있을 테니까요.

예로부터 장기화된 가뭄은 곧 굶주림으로 이어지는 경우가 많았습니다. 쌀이 주식인 우리 민족은 예로부터 농사를 중요시했죠. 특히나 벼농사는 날씨의 영향을 많이 받는데, 날씨에 따라 풍년이 들기도 하고, 흉년이 들기도 합니다. 무엇보다 벼를 자라게 하는 데는 물의 역할이 중요했지만, 농업용수를 끌어다 쓰는 관개기술이 발달하지 않았던 때 가뭄이 오래 지속되면 그 피해가 실로 엄청났습니다. 지금처럼 국가 간 무역이 활발하던 시절도 아니었고 자급자족에 의존하다 보니 한해 농사를 망치면 수많은 사람들이 굶주릴 수밖에 없었죠. 그래서 종교적인 초자연적 힘을 기대하며 비가 오도록 기우제를 지내기도 했습니다. 조선시대까지만 해도 왕이 직접 기우제를 지낼 정도였으니까요.

그러다가 과학기술이 점차적으로 발전하면서 사람들은 종교에 막연히 의지하는 대신 비를 내리게 할 과학적 방법이 없을까 고민했습니다. 태풍이나 장마, 집중호우와 가뭄 등 자연의 힘에 무조건적으로 굴복할 수밖에 없던 시절에서 벗어나고 싶었던 거죠. 자연재해로 인한 인명과 재산의 손실이 그만큼 막심했으니까요.

도전정신은 높이 평가할 만하지만, 여전히 인간의 능력으로 자연의 힘을 완전히 통제할 순 없습니다. 하지만 기상재해를 최소화할 수 있는 방안을 강구하기 위해 끊임없이 연구를 계속하고 있죠. 인공강우 또한 기상재해를 최대한 막아보기 위한 기상조절 연구들 가운데 하나입니다. 예컨대 **구름씨앗 뿌리기**(cloud seeding)를 함으로써 구름의 성질을 변화시켜 비를 내리게 하려는 방법을 사용합니다. 구름이란 수증기가 모여 작은 물방울로 바뀌어 있는 것입니다. 등산을 할 때 산중턱에 구름이 걸려 있는 것을 본 적이 있을 것입니다. 그것을 바라보면서 계속 올라가다 보면 우리가 실제 구름 속으로 들어가게 되죠. 그러면 뿌옇게 작은 물방울들이 퍼져 있는 것들을 느낄 수 있습니다. 다시 말해 구름의 실체는 작은 물방울들이고,

이 작은 물방울들이 모여서 무거워지면 비나 눈으로 내리는 것입니다. 또한 과포화 상태의 공기에 응결핵이라는 것을 넣어주면 이를 중심으로 응결이 일어나 물방울들이 똘똘 뭉쳐지는데, 이렇게 응결핵의 역할을 하는 것이 인공강우의 핵심인 **구름씨앗**입니다. 비가 내리는 원리에 대해 살펴보면서 핵심은 수증기를 응결시키는 데 있다는 것을 알 수 있습니다. 혹시 비행기가 금세 지나간 하늘을 본 적이 있나요? 비행기가 지나간 길 뒤로 구름이 뭉게뭉게 피어오른 것을 볼 수 있습니다. 마치 비행기가 방귀라도 뿡뿡 쏘고 지나간 것처럼 말이죠. 이것은 비행기가 지나가면서 연료에서 뿜어져 나온 기체들에 의해 수증기가 그 입자들에 붙어서 응결된 것이 마치 구름의 형태로 보이는 것입니다.

인공강우도 마찬가지 원리를 적용한 것입니다. 하늘에 비행기를 보내어 공기 속 수증기를 빠르게 응결시키기 위해 구름의 씨앗, 즉 응결핵을 뿌려주는 거죠. 구름씨앗을 뿌리는 응결핵의 재료로는 아이오딘화은(AgI)과 같은 빙정핵(glaciogenic agents)이나, 액화질소(liquid nitrogen)나 드라이아이스 같은 냉각매체(cold reagents), 염화나트륨(NaCl)과 같은 흡습성물질(hygroscopic agents) 등이 있는데, 온도나 상황에 맞게 이들이 가지고 있는 특성을 이용해야 합니다. 예컨대 아이오딘화은이나 냉각매체들을 과냉각된 상층 구름층에 뿌려야 하고, 물질마다 다소간 제한들이 있죠.

현재 응결핵으로 많이 사용하고 있는 것은 '아이오딘화은(AgI)'입니다. 이것을 비행기에 장착한 후에 하늘 높이 올라가 공기 중에서 뿌려주는 것입니다. 그러면 아이오딘화은이 응결핵의 역할을 하면서 그것을 중심으로 수증기들이 똘똘 뭉쳐질 수 있는 조건을 만들어내게 됩니다. 응결핵을 중심으로 수증기들이 모여 더 큰 물방울, 더 큰 빙정(ice crystal, 氷晶)들로 계속 뭉쳐지게 되면 결국 빗방울이 만들어지는 거죠. 이 빗방울은 점점 커져서 무거워지면 중력에 의해 아래로 떨어지는 것입니다.

1946년 랭뮤어의 동료인 쉐퍼(Vincent Joseph Schaefer, 1906~1993)라는 사람이 비행기를 타고 4,000미터 상공에서 드라이아이스를 뿌려 비를 내리게 한 것에서 시작하여 현재까지도 이것에 대한 실효성 및 경제성을 연구 중입니다. 다음 해인 1947년에는 보네구트(Bernard Vonnegut 1914~ 1997)의 옥화은을 태워 과냉각수적에 넣어주면 빙정핵 역할을 한다는 연구가 실용화되면서 기상학에 대한 연구가 한층 더 활발해졌죠. 우리 눈에 보이는 구름은 마치 솜 같은 덩어리의 형태이지만, 실체는 앞서 설명한 것처럼 공기 안에 수많은 수증기의 작은 물방울들이 모여 있는 상태이니까요. 공기가 포화곡선과 만나면서 응결이 시작되어 비나 눈으로 내리게 되는 거죠. 즉 인공강우는 대기 중에 응결핵이나 빙정핵의 역할을 하는 물질을 하늘에 뿌려 우리가 필요할 때 구름방울이 빗방울로 성장하게 하여 비를 내리게 하는 원리입니다. 다만 현재 인공강우를 위한 응결핵으로 사용되는 아이오딘화은(AgI)과 드라이아이스에 대한 영향과 이것을 사용할 때의 문제점에 대해서는 아직까지 명확하게 규명되지 않은 상태로 지속적인 추가 연구가 필요합니다.

자연현상을 통제하려는 건 인간의 헛된 욕심일까?

인공강우의 연구 진행에는 많은 자금과 시간, 노력 등이 필요합니다. 또 매번 성공하는 것도 아니죠. 그럼에도 인공강우를 연구하는 나라들은 늘고 있습니다. 하지만 아주 사소한 영향에도 그 결과가 엄청나게 달라지므로 사전에 기상현상에 대한 깊이 있는 학술적 이해가 전제되어야 하겠죠. 그리고 구름 물리학(Cloud Physics)의 연구나 대기과학 연구 등의 이해를 토대로 목표와 시기를 결정하여 대기상태에 얼마나 영향을 주는지, 그로 인한 결과는 어떻게 확인할 수 있는지 등을 철저히 점검한 후에 실험에 임해야 합니다.

그렇게 철저하게 대비해도 아주 작은 요인에 의해서 기상현상의 큰 변화로 이어질 수 있죠. 혹시 '나비효과(Butterfly effect)'라는 말을 들어보았나요? 미국의 기상학자 로렌츠(Edward Lorenz)가 대중에게 전파한 것입니다. 기상변화의 예측 과정에서 정확한 초기값 대신 소수점 이하 일부를 생략한 값을 입력하자 근소한 입력치 차이에 비해 완전히 다른 기후패턴 결과를 나타낸 거죠. 이후 로렌츠가 미국과학진흥협회에서 강연 의뢰를 받고 청중을 사로잡을 강연 주제를 고민하던 중 동료 기상학자인 메릴리스(Philip Merilees)가 "브라질에서 나비가 날갯짓을 하면 텍사스에서 토네이도가 일어날까?"라는 주제를 제안했다고 합니다. 자연의 기상현상이 그만큼 예민하고 섬세하며 복잡 미묘하다는 것을 짐작할 수 있습니다.

인간의 힘, 과학의 힘으로 기상현상을 완벽하게 통제하기란 아직

꿈같은 이야기이지만, 인공강우는 세계 각국에서 연구와 실험이 활발하게 이루어져 상당 부분 실용화 단계에 이르렀습니다. 이스라엘이나 멕시코처럼 사막으로 버려진 땅에 강수를 유발해 농업용수나 토지의 사막화를 방지한다면 가용한 땅이 넓어져 긍정적 효과를 기대할 수 있습니다. 섬나라 일본의 경우 겨울에 눈이 오게 함으로써 눈의 형태로 수자원을 저장하여 필요할 때 사용하려는 목적으로 연구하고 있다고 합니다. 또 러시아나 중국의 경우 우박 피해를 막기 위해 구름의 성격을 바꿔 우박이 내리지 않게 하는 연구를 하고 있다고 합니다.

최근에는 새로운 방법도 개발되었습니다. 불꽃(pyrotechnic compositions)을 태워 이온화된 흡습성 에어로졸을 만드는 것인데, 이 에어로졸이 구름 속에 뿌려지면 작은 구름 방울들은 음이온에 의해 반대 전하를 띠게 되어 크기가 작은 물방울들은 정전기에 의해 성장이 가속화됩니다. 생산물과 구름의 수증기가 화학반응을 통해 많은 양의 열이 방출되어 이것의 이동 경로에 인공적인 상승기류를 발생시키는 것입니다. 이 방법은 실제 강우를 유발하는 물방울까지 성장하는 데 걸리는 시간을 크게 줄여준다고 합니다. 이것은 공기를 인공적으로 상승기류를 만들어 단열팽창이 되게 하여 온도를 하강시키고 수증기가 응결되게 만드는 기술입니다. 이런 기술은 최근에 많이 연구되고 있는 분야로서 자욱한 안개를 없앨 때나 인공적으로 강수 현상을 조절하고 대기오염 상태를 개선하는 데 효과를 줄 수 있다고 알려지고 있습니다.

세계인은 모두 지구라는 하나의 행성 위에서 살아가고 있습니다. 우리가 살고 있는 지구는 지구의 중력에 의해 끌어당겨진 공기인 대기에 둘러싸여 있고, 우리는 대기 속의 공기를 들이마시며 살아갑니다. 그리고 대기는 머물러 있는 상태가 아니라 끊임없이 살아 움직입니다. 공기는 항상 기압이 높은 곳에서 기압이 낮은 곳으로 이동하고, 기압이 주변보다 낮은 저기압 상태에서는 상승기류가 생기며 또다시 하늘로 올라가서 퍼져나가죠. 현재 인류가 기상현상을 인공적으로 바꿔보겠다며 도전하는 작은 시도들이 장기적으로 생태계 전반에, 그리고 전 세계 기후에 어떤 이변을 유발할지는 아직 아무도 모릅니다. 지구 한쪽에서 만들어놓은 예상치 못한 결과가 나에게 또는 움직이는 대기 안에서 어디로 갈지, 또 어떤 현상으로 발현될지는 누구도 정확하게 예측할 수 없기 때문입니다. 그렇기 때문에 더더욱 조심스러운 접근이 필요합니다.

해마다 반복되는 폭염, 한파, 폭우, 폭설과 그로 인한 막대한 피해에 시달리다 보면 자연현상을 우리 마음대로 통제하고 싶은 이기적인 욕심이 솟구칩니다. 하지만 이미 우리는 문명과 과학기술의 발전이라는 명분을 내세워 무분별하게 환경을 파괴하고 자연을 훼손해왔습니다. 오늘날 우리가 경험하고 있는 심각한 환경오염과 기상이변은 다름 아닌 우리 인간의 이기심이 낳은 참혹한 결과로 볼 수도 있는 것입니다. 그렇기 때문에 당장의 유의미한 결과보다는 돌다리도 두드려보는 신중한 자세로 여러 방면으로 심층연구를 하며 장기적인 안목으로 연구가 진행되어야 할 것입니다.

뭉게뭉게, 구름을 만들어 보아요!

앞에서 인공강우에 관한 이야기를 했습니다. 솜사탕처럼 보이기는 해도 구름은 원래 작은 물방울 입자가 모여 있는 덩어리라고 했지요? 이를 이용해서 실제로 구름을 만들어보는 실험을 해봅시다.

페트병, 나무젓가락(향을 사용하면 더 좋지만, 향이 없으면 일반 나무젓가락 이용), 컵, 커피포트(물 끓이는 데 필요)

①
커피포트를 이용하여 물을 따뜻하게 한 후 페트병에 적당히 넣습니다(물의 온도는 너무 뜨겁지 않도록 40℃~50℃로).

②
응결핵을 만들기 위해 나무젓가락(또는 향)을 불에 태운 후(가스렌지이용) 꺼뜨리고 연기를 페트병 속에 넣어 모아줍니다.

*나무젓가락 대신에 향을 이용하면 더욱 잘됩니다.

③

페트병을 손으로 꾹 눌러 찌그러뜨려 압력을 가해 줍니다(여러 번 반복해본다).

*이 과정을 빠르게 여러 번 눌렀다 떼주세요.

④

손을 놓으면 압력이 감소하면서 내부의 공기가 팽창하고, 온도가 내려가면서 구름이 형성됩니다. 구름 만들기, 참 쉽죠?

참고자료

김동환, 《오늘도 미세먼지 나쁨》, 휴머니스트, 2018.

김진규, 《가르쳐주세요! 인공강우에 대하여》, 일출봉, 2008.

신학수·이복영·구자옥·백승용·김창호 외, 《상위 5%로 가는 화학교실1》, 스콜라, 2008.

일반화학교재연구회, 《현대일반화학(4판)》, 자유아카데미, 2002.

정진철, 《생활 속의 화학과 고분자》, 자유아카데미, 2010

최낙언, 《불량지식이 내 몸을 망친다》, 지호, 2012.

최낙언·노중섭, 《아무도 말해주지 않는 감칠맛과 MSG 이야기》, 리북, 2015.

닐 캠벨 외 《생명과학이론과 현상의 이해》(김명원 외 옮김), 라이프사이언스, 2004.

래리 셰켈, 《실은 나도 과학이 알고 싶었어》(신용우 옮김), 애플북스, 2019.

레이몬드 서웨이, 《일반물리학》(일반물리교재편찬위원회 옮김), 북스힐, 2019.

와쿠이 요시유키·와쿠이 사다미, 《과학잡학사전》(송은애 옮김), 어젠다, 2013.

페니르쿠퍼·제이 버레슨, 《역사를 바꾼 17가지 화학이야기》(곽주영 옮김), 사이언스북스,
    2007.

김영일, 〈재사용이 가능한 손난로〉, 《동대신문》, 2011.11.07.

김창우, 〈5G 해킹공포…카지노 고객 정보 턴 건 수족관 온도계였다〉, 《중앙일보》,
    2019.09.18.

남보람, 〈나일론의 탄생 비화〉, 《매일경제》, 2020.05.26.

박미용, 〈꿈의 신소재 그래핀, 노벨상 거머쥐다〉, 《KISTI 과학향기 칼럼》, 2010.11.01.

변해정, 〈벌레 잡으려다 '펑'…스프레이 화재 올해만 6건〉, 《NEWSIS》, 2019.07.10.

신재우, 〈식약처 "시중 생리대·기저귀 안전... 인체 위해 우려없다"〉, 《연합뉴스》, 2017.09.28.

우요한, 〈중국 홍수로 '세계 최대 석불' 잠겨…싼샤댐 '물폭탄 비상'〉, 《JTBC뉴스》, 2020.08.19

유성민, 〈암호화폐 해킹 '꿈의 컴퓨터' 눈앞에〉, 《신동아》, 2019.12.13.

이지윤·빈난새, 〈[S머니]제도권 들어온 암호화폐…200여 거래소·잡코인 정리되나〉, 《서울경제》, 2020.06.06.

전종휘, 〈가습기살균제 참사 '판박이'…'메탄올 실명 사태'아시나요?〉, 《한겨레》, 2016.05.11.

정열, 〈한국 성인 1인당 연간 커피 377잔 마신다〉, 《연합뉴스》, 2017.05.24. 참조

정진일, 〈메탄올 잘못 마신 사람 일단 맥주부터 들이켜게〉, 《동아일보》, 2012.05.05.

조재근, 〈미세먼지 몸속에 들어오면 일주일은 머문다〉, 《충청투데이》, 2018.11.28.

채선희, 〈美하버드대 "미세먼지 심한 곳에서 코로나19 치명률도 높아져"〉, 《한국경제》, 2020.07.15.

최영철, 〈고카페인? 대부분은 저카페인! 커피보다 함량 적어 적정량은 약〉, 《신동아》, 2013.01.25.

이치웅, 〈고흡습성발열섬유 아크릴계섬유〉, 《한국과학기술정보연구원 KISTI ReSEAT프로그램》.

http://www.doopedia.co.kr/

http://www.keri.re.kr

http://www.komes.or.kr

http://me.go.kr

https://modenzy.com/31

https://nedrug.mfds.go.kr/index

https://terms.naver.com/entry.nhn?docId=3570502&cid=58885&categoryId=58885

https://www.kinz.kr/exam/4703

https://www.sciencetimes.co.kr/

https://science.ytn.co.kr

인문학으로 깊이 통찰하고,
과학으로 날카롭게 분석하며,
수학으로 자유롭게 상상하는 힘!

맘에드림 생각하는 청소년 시리즈

독자 여러분의 소중한 원고를 기다립니다

맘에드림 출판사는 독자 여러분의 소중한 원고를 기다리고
있습니다. 원고가 있으신 분은 momdreampub@naver.com으로
원고의 간단한 소개와 연락처를 보내주시면 빠른 시간에 검토해
연락을 드리겠습니다.

공간의 인문학 학교도서관저널 추천도서

한현미 지음 / 값 12,000원

이 책은 청소년들이 공간을 창조하는 행위인 건축에 대해 자신의 삶과
연관 지어 인문학적 성찰을 할 수 있도록 쓰였다. 이 책을 통해 인간의
삶에 행복을 주는 것은 값비싸고 화려하고 멋져보이는 공간이 아니라
견고하고 유용하며 아름다운 공간이라는 것을 이해할 수 있을 것이다.

십대들을 위한 생각연습 학교도서관저널 추천도서

정좀삼·박상욱 지음 / 값 12,000원

이 책은 청소년들이 스스로를 더 깊이 있게 이해하고, 아울러 자신에게
있어 타인, 사회, 국가, 세계사 어떤 의미를 갖는지 생각해보는 데
도움을 준다. 이를 통해 모두가 함께 잘 살 수 있는 세상은 어떤
세상인지 진지하게 고민해볼 수 있다면 우리 사회의 미래도 분명
따뜻하고 희망적일 것이다.

모두, 함께, 잘, 산다는 것 행복한 아침독서 추천도서

김익록·박인범·윤혜정·임세은
주수원·홍태숙 지음 / 값 10,000원

이 책은 청소년들에게 사회적 경제를 쉽고 재미나게 전달하기 위해
만들어졌다. 사회적 경제에 대한 호기심을 이끌어내는 것에서 시작해서
무엇보다 청소년들이 일상 속에서 직접 실천해볼 수 있는 여러가지
활동들을 제시한다. 이를 통해 모두, 함께, 잘, 산다는 것의 진짜 의미를
깨닫게 될 것이다.

십대들을 위한 맛있는 인문학 학교도서관저널 추천도서

정정희 지음 / 값 12,000원

이 책은 과거와 현대의 다양한 먹거리와 그 속에 담긴 이야기들을
전한다. 저자는 청소년들이 좋은 음식의 의미를 생각해보고, 현대사회의
고장난 먹거리체계에 관심을 기울이기를 바란다. 나아가 그러한
문제의식을 바탕으로 좋은 먹거리가 더 많이 생산될 수 있도록 하는 데
작은 힘이나마 보탤 수 있기를 바란다.

지리는 어떻게 세상을 움직이는가? 학교도서관저널 추천도서
전국지리교사모임 추천도서

옥성일 지음 / 값 13,500원

미래 사회의 주역인 우리 청소년들에게는 한반도와 동북아를 뛰어넘어 한층 더 넓은 시야로 세계를 바라보면서 국제 질서를 냉철하게 분석할 수 있는 능력이 요구된다. 이 책은 글로벌 시대에 꼭 필요한 냉철한 시각과 분석력을 키워줌은 물론 우물 안 개구리의 사고방식에서 벗어나 한층 넓은 시야를 가질 수 있게 도와줄 것이다.

쉬는 시간에 읽는 젠더 이야기

김선광·이수영 지음 / 값 12,000원

청소년은 건강한 비판정신을 바탕으로 사회문제에 관해 치열하게 논쟁할 수 있어야 한다. 이는 앞으로 그들이 더 나은 삶을 살아가고, 이 사회의 민주주의가 성숙해지는 데 밑거름이 될 것이다. 필자들은 이 책을 통해서 청소년들이 성 차별과 혐오, 페미니즘에 대한 왜곡 등에 대해 건강한 논쟁을 시작할 수 있는 기회를 마련해준다.

폭염의 시대 학교도서관저널 추천도서

주수원 지음 / 값 10,000원

기후변화는 단지 기후 문제일까? 저자는 기후변화, 나아가 기후위기의 시대를 살아가는 오늘날의 청소년들에게 기후변화의 실태와 사회문제로 이어지는 기후변화의 심각성을 이야기한다. 이 책은 폭염시대를 살아가는 청소년들의 의식을 한층 성장시킬 뿐만 아니라, 타인의 아픔에도 귀 기울일 줄 아는 성숙한 시민으로 성장하는 데 분명 도움을 줄 것이다.

경제를 읽는 쿨한 지리 이야기 학교도서관저널 추천도서
책따세 추천도서

성정원 지음 / 값 13,500원

지리의 눈으로 세상 구석구석을 살펴보는데, 특히 경제에 초점을 맞추었다. 그저 달달 외우기 바쁜 지루한 암기과목으로서의 지리가 아니라, 지리의 각 요인과 경제 사이의 역동적 상호작용이 만들어낸 흥미진진한 결과들을 살펴봄으로써 자연스럽게 경제를 이해하고 나아가 세상을 바라보는 새로운 눈을 뜨게 될 것이다.

방구석에서 읽는 수상한 미술 이야기

박홍순 지음/ 값 14,000원

미술작품에 투영된 현대사회의 여러 모순들을 발견하고, 이를 해결할 방법을 함께 찾고자 한다. 공정과 평등에 관한 문제부터 다양한 중독현상, 유명세와 행복, 불확실성과 함께 현대인을 덮친 불안과 공포, 함께 잘살기 위한 방안 등에 관한 즐거운 티키타카 속에서 미술작품은 물론 세상을 바라보는 새로운 눈을 뜨게 될 것이다.

10대, 놀이를 플레이하다

박현숙 지음 / 값 13,500원

이 책은 창의력이 중요한 가치로 떠오른 21세기를 놀이의 시대로서 맞이하며, 책상 앞에 앉은 청소년들에게 놀이가 필요한 이유를 인문학적으로 풀어내고 있다. 저자는 세상을 놀이의 관점으로 다시 보도록 새로운 시야를 제시하고, 청소년들이 자유롭게 생각하며 놀이하는 인간으로서 미래사회의 주인이 되기 위해 놀이 정신을 갖출 필요가 있다고 힘주어 말한다.

십대들을 위한 좀 만만한 수학책

오세준 지음/ 13,500원

이 책은 인류가 처음 수 개념을 만들어낸 순간부터 현재까지 세상 구석구석에서 알게 모르게 활약하고 있는 수학의 다양한 모습을 담았다. 수학과 관련한 등장인물과 배경, 사건 등이 서로 얽히고설켜 만들어낸 역동적 상호작용들이 마치 드라마처럼 흥미롭게 펼쳐진다. 내면에 잠들어 있던 수학 DNA를 깨우는 좋은 기회가 될 것이다.

바이러스 철학을 만나다

박상욱 지음 / 값 14,000원

이 책은 예측불가능성과 불확실성이 난무하는 시대의 강력한 무기가 되어줄 철학적 사고를 일깨운다. 특히 코로나19 팬데믹과 함께 다시금 세상에 강렬한 존재감을 드러낸 바이러스의 생과 사를 통해 철학적 성찰을 이끌어내도록 끊임없이 질문한다. 특히 과학, 역사, 철학 등을 넘나들며 불확실성이 넘쳐나는 시대에 지향해야 할 삶의 태도와 배움의 방식에 대해서도 생각해보게 한다.

그림책으로 시작하는 철학연습

권현숙, 김준호, 백지원, 조형옥 지음 / 값 14,000원

이 책은 그림책을 사랑하는 현직 교사 네 명이 함께 쓴 책으로, 그림책 읽기의 즐거움을 알려주는 동시에 그림책을 통해 생각하는 힘을 키울 수 있게 도와주는 교양서다. 청소년들은 크게 나, 너, 이웃, 미래 사회를 다룬 주제에 따라, 그림책 54권을 살펴보면서 자기 안의 문제를 하나둘 해결하고 너른 세상을 바라보는 안목을 키우게 될 것이다.

10대, 우리답게 개념 있게 말하다 학교도서관저널 추천도서

정정희 지음 / 값 14,000원

이 책은 일상 언어생활의 의미와 가치를 다시 돌아본다. 최근 청소년 사이에서 무분별하게 복제 및 전파되는 유행어 중에는 혐오와 차별의 언어들도 꽤 많다. 저자는 이러한 말들이 자신도 모르는 사이에 의식을 혐오로 물들이는 데 주목한다. 또 표현의 자유를 방패막이 삼아 막말을 정당화하거나 진지함을 조롱하는 세태도 함께 돌아본다.

청소년을 위한 미디어 리터러시 이야기

강정훈 지음/ 14,000원

이 책은 수많은 정보에 둘러싸여 사는 우리 청소년들에게 미디어의 변천사를 시작으로 뉴스의 역할, 가짜 뉴스의 탄생과 확산 과정, 언론의 자유와 책임 등을 알기 쉽게 설명하고, 한 발 더 나아가 미디어를 올바르게 수용하고 비판적으로 사고할 수 있는 능력을 기를 수 있도록 돕고 있다.

통섭적 사고력을 키우는 냉장고 인문학

안창현 지음 / 값 14,000원

이 책은 냉장고를 매개로 과거부터 현재를 넘나들며 고정관념에서 벗어나 자유롭게 생각을 융합하는 통섭적 사고를 자극한다. 다양한 분야에서 인류의 발전사를 들여다보는 한편, 앞으로 만들어갈 우리의 미래까지 상상해볼 수 있을 것이다. 더 나아가 냉장고뿐만 아니라 일상에서 마주치는 평범한 것들을 색다른 시각을 바라볼 수 있게 도와준다.